高职高专特色课程项目化教材

泵维护与检修

主编　金雅娟　隋博远　李　楠
主审　武海滨

东北大学出版社
·沈阳·

ⓒ 金雅娟　隋博远　李　楠　2021

图书在版编目（CIP）数据

泵维护与检修 / 金雅娟，隋博远，李楠主编. — 沈阳：东北大学出版社，2021.1
　ISBN　978-7-5517-2618-4

　Ⅰ. ①泵… Ⅱ. ①金… ②隋… ③李… Ⅲ. ①泵—维修　Ⅳ. ①TH307

中国版本图书馆 CIP 数据核字（2020）第 268225 号

出 版 者：东北大学出版社
　　　　　地　址：沈阳市和平区文化路三号巷 11 号
　　　　　邮编：110819
　　　　　电话：024-83683655（总编室）　83687331（营销部）
　　　　　传真：024-83687332（总编室）　83680180（营销部）
　　　　　网址：http://www.neupress.com
　　　　　E-mail：neuph@neupress.com
印 刷 者：辽宁一诺广告印务有限公司
发 行 者：东北大学出版社
幅面尺寸：185 mm×260 mm
印　　张：13.5
字　　数：295 千字
出版时间：2020 年 12 月第 1 版
印刷时间：2021 年 1 月第 1 次印刷
责任编辑：周　朦　杨世剑
责任校对：袁竹筠
封面设计：潘正一
责任出版：唐敏志

ISBN 978-7-5517-2618-4　　　　　　　　　　　　　　　　　　定　价：36.00 元

前　言

本书适用于高等职业教育院校师生，突出实用性和实践性，有利于学生综合素质的形成和技术技能的培养。

本书在内容编排上，以对行业、企业、岗位的调研为基础，以对职业岗位的责任、任务、工作流程分析为依据。本书紧密联系化工检修钳工的实际工作，文字通俗易懂，图文并茂，对各种泵的类型、结构、工作原理、维护与检修进行了全面详细的讲解。本书尤其注重培养学生在生产实践中发现问题、分析问题、解决问题的能力。

本书由辽宁石化职业技术学院金雅娟、隋博远、李楠担任主编，武海滨担任主审。其中，项目一和项目三由隋博远编写；项目二和项目四由金雅娟编写；项目五中的任务一、任务二由李楠编写，项目五中的任务三由赵海鹏编写。本书由金雅娟负责统稿。在本书的编写过程中，杨雨松、陆锦岳、陈国增、周文杰、毛佳等同志提出了许多宝贵意见，在此一并表示感谢！

由于编者水平有限，本书中难免有不妥之处，欢迎广大读者提出批评意见和建议。

编　者

2020 年 8 月

目 录

项目一 离心泵应用、性能及工作原理 ··· 1

  任务一 泵的用途和分类 ·· 1
    一、泵的定义 ·· 1
    二、泵的应用 ·· 2
    三、泵的分类 ·· 4

  任务二 离心泵的工作原理及分类 ··· 9
    一、离心泵的工作原理及主要构件 ·· 9
    二、离心泵的分类 ·· 12

  任务三 离心泵的理论分析 ·· 14
    一、液体在叶轮中的运动分析 ·· 14
    二、离心泵的基本方程式 ··· 16
    三、离心泵主要性能参数 ··· 18
    四、离心泵的特性曲线 ·· 20
    五、离心泵的相似理论及应用 ·· 22
    六、比转数 ·· 25
    七、离心泵相似理论应用举例 ·· 28
    八、切割定律及应用 ·· 28
    九、液体性质对泵性能的影响 ·· 30
    十、离心泵的型号标志 ··· 31

  任务四 离心泵的汽蚀及预防 ··· 33
    一、离心泵的汽蚀现象 ··· 33
    二、离心泵的安装高度（允许汽蚀余量法） ···························· 35

  任务五 离心泵的装置特性及工况调节 ································· 37
    一、离心泵的装置特性 ··· 37
    二、离心泵的工况点与流量调节 ··· 37

  任务六 离心泵的主要零部件 ··· 42
    一、叶轮 ··· 42

二、泵过流部分的固定元件 ·················· 45
　　三、轴向力及其平衡 ······················ 46
　　四、密封装置 ························· 50
　　五、泵体 ··························· 51
　　六、泵轴和轴套 ························ 52
　　七、轴承箱和轴承 ······················· 52
　任务七　离心泵的选型 ······················· 54
　　一、选型的原则 ························ 54
　　二、选型的步骤 ························ 55

项目二　离心泵的轴封装置 ····················· 58
　任务一　填料密封装置 ······················· 59
　　一、填料密封原理、常用结构及安装要求 ············· 59
　　二、填料的保管 ························ 63
　任务二　机械密封装置 ······················· 64
　　一、机械密封的工作原理与结构类型 ··············· 65
　　二、机械密封基本元件的作用和要求 ··············· 71
　　三、机械密封的主要性能参数 ·················· 73
　　四、机械密封的技术要求 ···················· 75
　　五、机械密封的故障分析及质量要求 ··············· 76
　　六、机械密封的冲洗和冷却 ··················· 77
　　七、机械密封的质量检查 ···················· 78
　　八、机械密封的试车和运行 ··················· 79

项目三　离心泵整体安装 ······················ 80
　任务一　底座和泵体的安装 ····················· 81
　　一、泵安装前的准备 ······················ 81
　　二、底座的安装 ························ 82
　　三、泵体的安装 ························ 86
　　四、电动机的安装 ······················· 87
　　五、二次灌浆 ························· 87
　　六、地脚螺栓和垫铁 ······················ 87
　任务二　联轴器找正 ························ 89
　　一、联轴器偏移情况的分析 ··················· 89

二、联轴器找正时的测量 ……………………………………………… 90
　　三、联轴器找正时的计算和调整 ………………………………………… 92
　　四、联轴器找正计算实例 ………………………………………………… 94

项目四　离心泵的拆装和维护 …………………………………………… 97

任务一　认识设备拆装常用机具和量具 ……………………………………… 97
　　一、认识起重工具 ………………………………………………………… 97
　　二、认识起重机械 ………………………………………………………… 100
　　三、认识拆卸与装配工具 ………………………………………………… 100
　　四、认识常用测量工具 …………………………………………………… 105

任务二　离心泵的拆装规程 …………………………………………………… 109
　　一、离心泵的拆卸 ………………………………………………………… 109
　　二、离心泵的检查 ………………………………………………………… 110
　　三、离心泵的装配 ………………………………………………………… 114

任务三　悬臂式离心泵的拆装和维护 ………………………………………… 123
　　一、离心泵检修规程 ……………………………………………………… 123
　　二、离心泵检修质量标准 ………………………………………………… 124
　　三、单级悬臂式离心泵的拆卸 …………………………………………… 125
　　四、零部件的清洗、检查与测量 ………………………………………… 132
　　五、离心泵主要零部件的修理 …………………………………………… 135
　　六、离心泵的装配 ………………………………………………………… 137
　　七、试车与验收 …………………………………………………………… 141

任务四　中开式双支承离心泵的拆装与维护 ………………………………… 142
　　一、中开式双支承离心泵结构 …………………………………………… 142
　　二、中开式单级离心泵的检修 …………………………………………… 143
　　三、中开式单级离心泵的运行 …………………………………………… 146

任务五　分段式多级离心泵的拆装与维护 …………………………………… 147
　　一、拆卸前的准备工作 …………………………………………………… 147
　　二、离心泵的拆卸 ………………………………………………………… 148
　　三、拆卸后质量的检查 …………………………………………………… 150
　　四、分段式多级离心泵的组装 …………………………………………… 153
　　五、分段式多级离心泵装配质量要求 …………………………………… 154
　　六、分段式多级离心泵的试车与验收 …………………………………… 156
　　七、多级离心泵的安全操作规程 ………………………………………… 156

任务六　离心泵的运行和维护 ·· 158
 一、离心泵的启动 ·· 158
 二、离心泵的保养 ·· 159
 三、常见故障及其排除方法 ·· 160
 四、泵的日常检查 ·· 161
 五、离心泵的倒泵 ·· 163
 六、离心泵开停车任务实施 ·· 163

项目五　磁力泵、螺杆泵及高速泵维护与检修 ·························· 167

任务一　磁力泵维护与检修 ·· 167
 一、概述 ··· 167
 二、磁力泵零部件 ·· 168
 三、磁力驱动离心泵工作原理 ··· 169
 四、磁力泵的优缺点 ··· 169
 五、磁力驱动离心泵的检修 ·· 170

任务二　螺杆泵维护与检修 ·· 172
 一、概述 ··· 172
 二、单螺杆泵的维护与检修 ·· 174
 三、双螺杆泵的维护与检修 ·· 179
 四、三螺杆泵的维护与检修 ·· 183
 五、五螺杆泵的工作原理 ··· 185
 六、螺杆泵的维护与使用 ··· 185

任务三　高速泵维护检修 ··· 188
 一、高速泵基础 ··· 188
 二、安装过程及装配要点 ··· 193
 三、高速泵的故障现象及故障诊断 ······································· 197
 四、检修及日常巡检维护内容 ··· 198
 五、油系统典型故障分析及处理 ·· 203

参考文献 ··· 206

项目一　离心泵应用、性能及工作原理

【学习目标】

1. 知识目标

(1)了解离心泵在日常生活和石油化工企业中的应用。

(2)掌握泵的用途和分类、离心泵的工作原理及分类、离心泵的理论分析、离心泵的主要零部件及选型。

2. 能力目标

能够进行离心泵的选型。

3. 素质目标

(1)增强学生的安全操作意识。

(2)增强学生在泵的操作过程中的团队协作意识。

【任务描述】

带领学生参观锅炉生活供水和消防供水系统，以及实训基地的化工装置，了解泵在日常生活和石油化工企业中的实际应用，了解泵的类型、牌号、性能和工作原理。对化工设备实训室内的泵的装置进行现场开车和停车操作，掌握泵的操作规程。

任务一　泵的用途和分类

一、泵的定义

泵是把机械能转换成液体的能量，用来增压输送液体的机械，其工作原理如图1-1所示。泵是国民经济中应用最广泛、最普通的通用机械，除了在水利、电力、农业和矿山等方面大量采用外，尤以石油化工生产中用量最多，而且由于化工生产中原料、半成品和最终产品中很多是具有不同物性的液体，如腐蚀性、固液两相流、高温或低温等，因此要求有大量的具有一定特点的化工用泵来满足工艺上的要求。这方面的技术发展和产品开发一直是十分活跃的。

劳动人民在与自然界的斗争中创造了最原始的提水工具，如水车、戽斗、辘轳(如图

1-2至图1-5所示)等,这些都是水泵的雏形。随着生产的发展与人们对自然规律的认识和掌握程度的加深,这些原始的提水工具逐渐发展成为现代的泵。

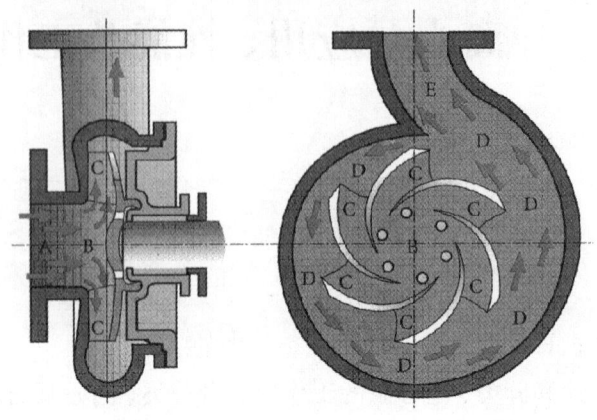

图1-1 泵工作原理示意图

图1-2 水车(一)

图1-3 水车(二)

图1-4 戽斗

图1-5 辘轳

二、泵的应用

泵的用途主要有以下三个方面。

(1)补充能量:将流体从一处输送到另一处。

(2)提高压强：给流体加压。
(3)造成设备真空：给流体减压。
在实际生产中，泵主要应用于以下三个方面。
(1)液体从低压区到高压区。

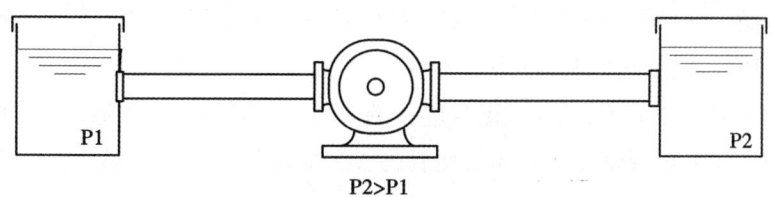

图 1-6　液体从低压到高压的输送

(2)液体从低液位到高液位。

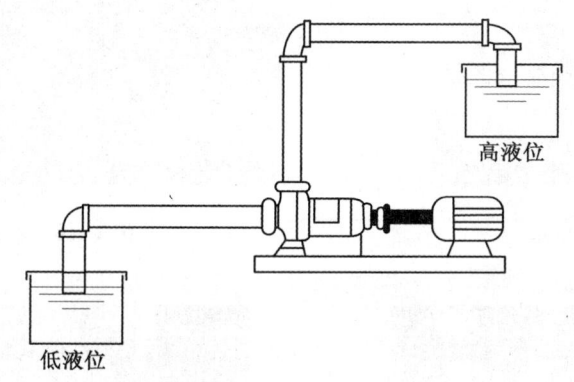

图 1-7　液体从低液位到高液位的输送

(3)从位置 A 到位置 B 远距离输送液体。

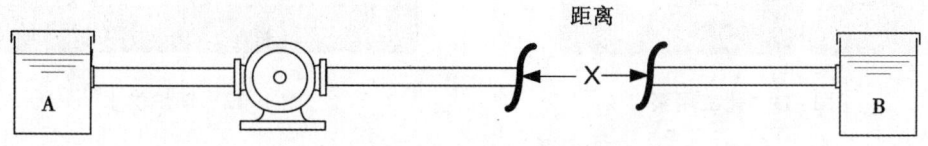

图 1-8　液体从位置 A 到位置 B 的输送

以前，泵只用来输送常温清水，所以常把泵统称为水泵。但是，这个概念目前已经不那么确切了。现在，泵除了可以输送各种常温液体外，还可以输送温度高达 400 ℃甚至 600 ℃的液体和液态金属；也可以输送温度为-200 ℃左右的液态氧、液态氢等低温液体；还可以输送带有固体颗粒的液体，如煤、矿石、鱼、甜菜等的固体颗粒。

现在泵作为一种通用机械，在国民经济各个领域都得到了广泛的应用。农业的灌溉和排涝、城市的给水和排水都需要泵。在工业的各个部门中，泵更是不可缺少的设备，如在动力工业中需要锅炉给水泵、强制循环泵、循环水泵、冷凝泵、灰渣泵、输水泵、燃油泵等；在采矿工业中需要矿山排水泵、水沙充填泵、水采泵、煤水泵等；在石油工业中需要泥浆泵、注水泵、深井采油泵、输油泵、石油炼制泵等；在化学工业中需要耐腐蚀泵、比例泵、计量泵等；在交通运输工业中需要燃油泵、喷油泵、润滑油泵、液压泵等。

在化工生产中有大量的原料、半成品是液体。按照品种来看，液体更是多种多样，如水、石油产品、有机溶液及各种酸、碱、盐溶液等。为了保证化工生产过程的正常、连续进行，就要用泵将这些液体物料从一处沿管道输送至另一处，或从低压处输送到高压处。泵的正常运转是保证化工生产正常进行的关键，若泵发生了故障，就会影响生产，甚至使生产停顿。如果把管路比作人体的血管，那么泵就是人体的心脏，在生产中起着重要作用。

图 1-9　城市排水　　　　　　　　图 1-10　农田灌溉

图 1-11　化工用泵　　　　　　　　图 1-12　锅炉供水

三、泵的分类

在石油和化学工业中，所要输送的液体数量、性质、压力大小等各不相同，为了适应这些不同情况的要求，设计制造了各种各样的泵，也就得到泵的不同分类方法。泵的分类如图 1-13 和图 1-14 所示。

1. 按照工作原理、结构分类

（1）叶片式泵：这是一种依靠泵内高速旋转的叶轮把能量传递给液体，从而进行液体输送的机械。属于这种类型的泵有各种形式的离心泵、混流泵、轴流泵及旋涡泵等。

① 离心泵（比转数 30~300）：液体沿轴向进入叶轮，以垂直于轴的径向从叶轮流出，

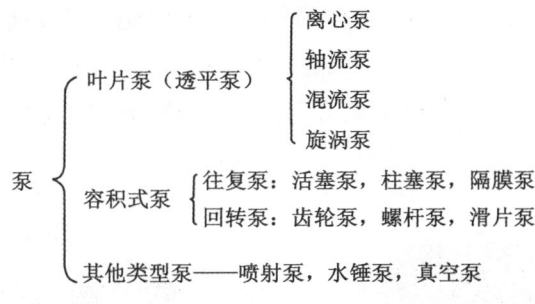

图 1-13 泵的分类(一)

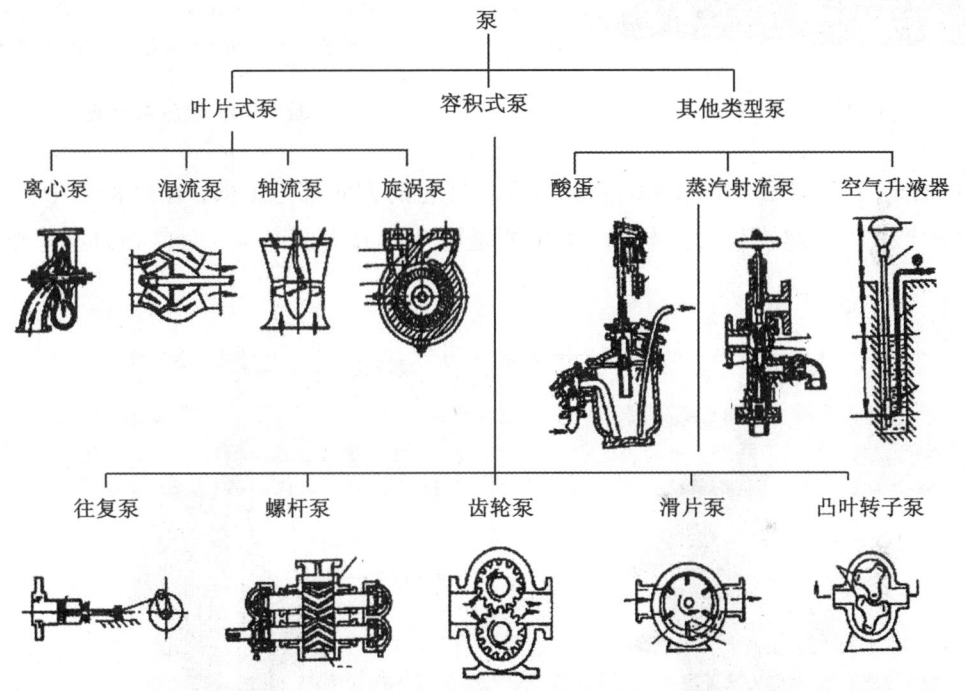

图 1-14 泵的分类(二)

这种泵产生的压力主要是离心力所致，如图 1-15 和图 1-16 所示。

图 1-15 离心泵

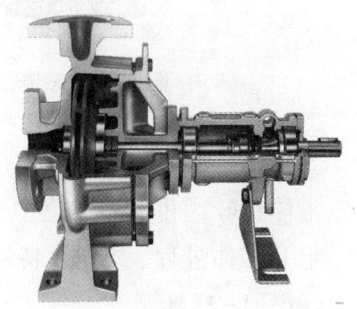

图 1-16 离心泵结构示意图

② 混流泵（比转数 300~500）：液体沿轴向进入叶轮，以轴向与径向的某一方向流出，这类泵的叶片一部分像离心泵，一部分像轴流泵，即叶片是扭曲形的。它的压力一部分由离心力产生，另一部分由叶片的升力产生，如图 1-17 和图 1-18 所示。

图 1-17　混流泵　　　　　　　　图 1-18　混流泵叶轮

③ 轴流泵（比转数 500~1000）：液体进出叶轮的方向都是轴向，在这种泵中，叶轮和叶片的形式类似螺旋桨，液体的压力主要是叶片的升力所产生，而离心力不起作用，如图 1-19 和图 1-20 所示。

 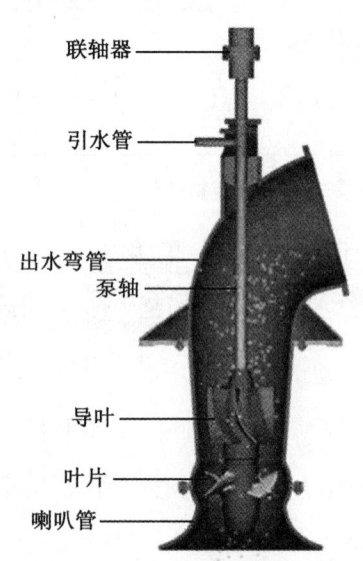

图 1-19　轴流泵　　　　　　　　图 1-20　轴流泵结构示意图

④ 旋涡泵（比转数 6~50）：旋涡泵是指叶轮为外缘部分带有许多小叶片的整体轮盘，液体在叶片和泵体流道中反复做旋涡运动的泵。旋涡泵虽然属于叶片式机械的范畴，但其工作过程、结构及特性曲线的形状等与离心泵和其他类型泵都不太相同，如图 1-21 和图 1-22 所示。

项目一　离心泵应用、性能及工作原理

图 1-21　旋涡泵

图 1-22　旋涡泵分解图

（2）容积式泵：它是利用泵内工作室（泵壳或缸）的容积做周期性变化来输送液体的，其排液过程是间歇的。这类泵又称正排量泵，可分为以下几种。

① 往复式泵：依靠做往复运动的活塞或柱塞使泵缸内的容积发生变化，完成吸入和压出液体，达到输送液体的目的，如图 1-23 和图 1-24 所示。

图 1-23　往复式泵

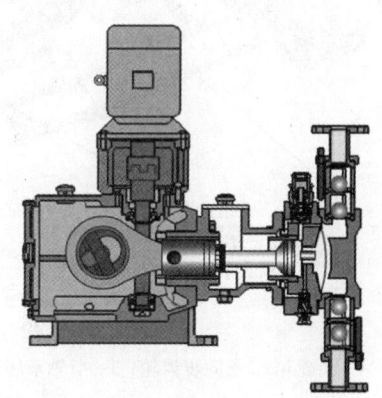

图 1-24　往复式泵示意图

· 7 ·

② 旋转式泵：又称转子泵，依靠做旋转运动的部件来推挤液体，如螺杆式泵（如图1-25和图1-26所示）和齿轮式泵（如图1-27所示）。

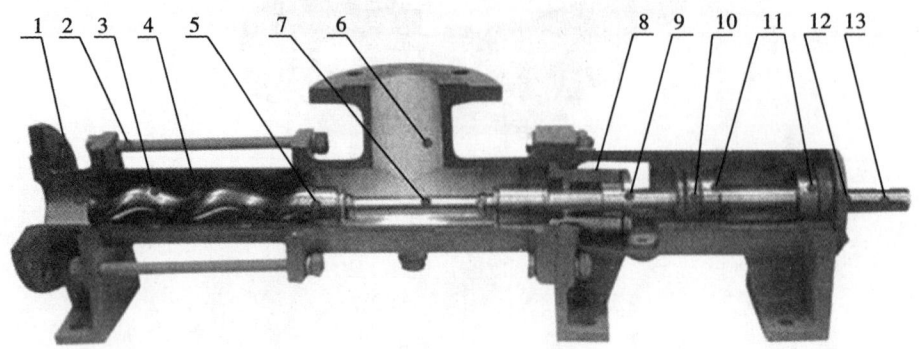

图 1-25　单螺杆泵

1—出料口；2—拉杆；3—定子；4—螺杆轴；5—万向节总成；6—吸入口；7—连接轴；
8—填料座；9—填料压盖；10—轴承座；11—轴承；12—轴承篮；13—传动轴

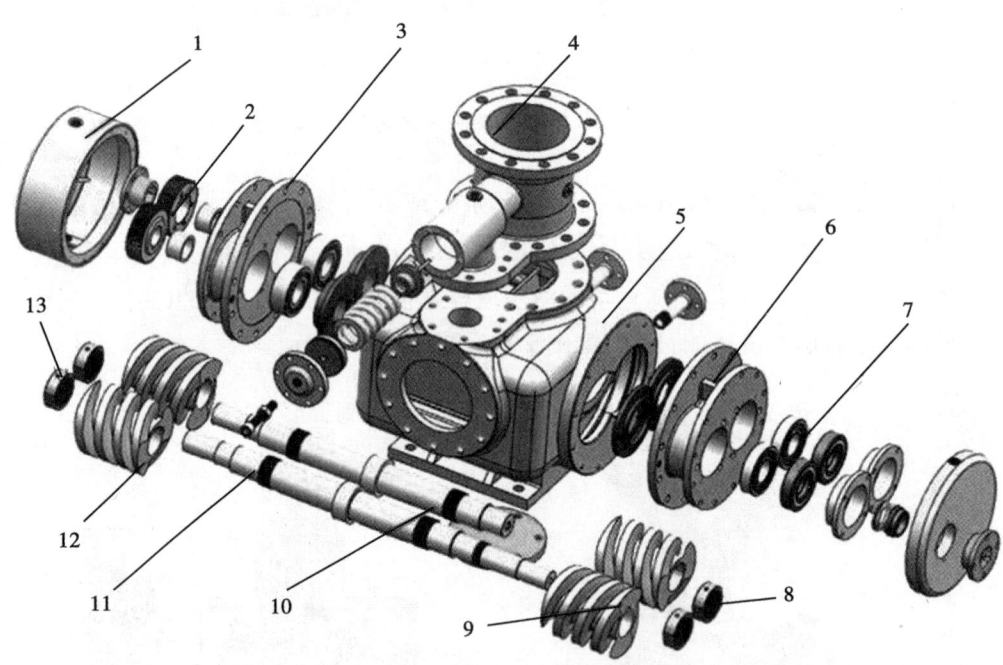

图 1-26　双螺杆泵结构图

1—齿轮箱；2—同步齿轮；3—后轴承座；4—安全阀；5—泵体；6—前轴承座；7—轴承；
8—机械密封；9—螺旋套；10—被动轴；11—主动轴；12—螺旋套；13—机械密封

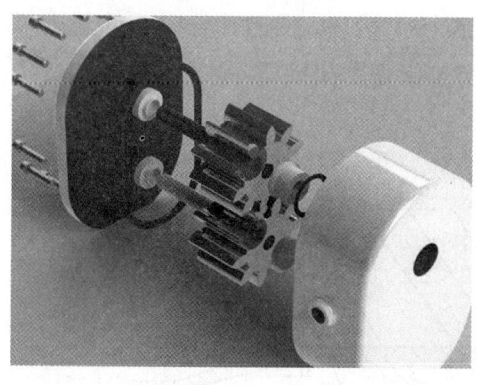 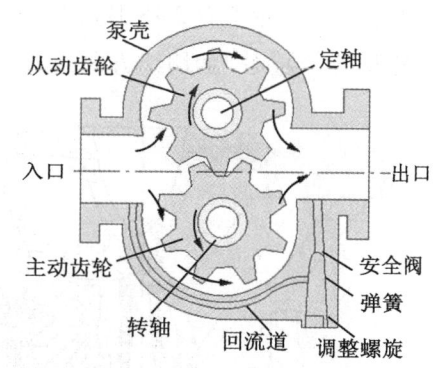

图 1-27 齿轮泵及其结构图

2. 按照化工用途分类

（1）工艺流程泵：包括给料泵、回流泵、循环泵、冲洗泵、排污泵、补充泵、输出泵等。

（2）公用工程泵：包括锅炉用泵、凉水塔用泵、消防用泵、水源用深井泵等。

（3）辅助用途泵：包括润滑油泵、密封油泵、液压传动用泵等。

（4）管路输送泵：包括输油管线用泵、装卸车用泵等。

3. 按照工作介质分类

（1）水泵：包括清水泵、锅炉给水泵、凝水泵、热水泵等。

（2）耐腐蚀泵：包括不锈钢泵、高硅铸铁泵、陶瓷耐酸泵、不透性石墨泵、衬硬胶泵、硬聚氯乙烯泵、屏蔽泵、隔膜泵、钛泵等。

（3）杂质泵：包括浆液泵、砂泵、污水泵、煤粉泵、灰渣泵等。

（4）油泵：包括冷油泵、热油泵、油浆泵、液态烃泵等。

4. 按照使用条件分类

（1）大流量及微流量泵：流量分别为 300 m^3/min 及 0.01 L/min。

（2）高温泵及低温泵：高温达 500 ℃，低温至 -253 ℃。

（3）高压泵及低压泵：高压达 200 MPa，真空度为 2.66~10.66 kPa。

（4）高速泵及低速泵：高速达 24000 r/min，低速为 5~10 r/min。

（5）精确的计量泵：流量的计量精度达 ±0.3%。

（6）高黏度泵：黏度达数千帕·秒(Pa·s)。

任务二　离心泵的工作原理及分类

一、离心泵的工作原理及主要构件

1. 离心泵的工作部件

如图 1-28 所示，离心泵的结构特点为在一个蜗壳形的泵壳内，安装了一个可以快速旋转的叶轮，在叶轮上有2~8片叶片。泵壳上有两个接口，通向叶轮中心的是进口，与吸入管路相接；在泵壳的切线方向的为出口，与排出管路相接。

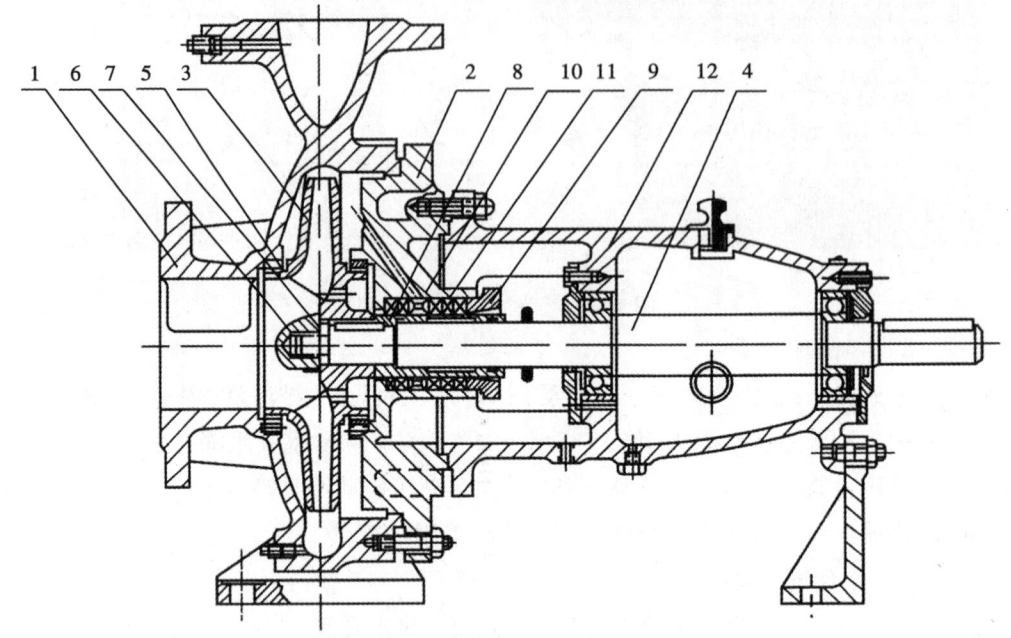

图1-28 单级单吸卧式离心泵
1—泵体；2—泵盖；3—叶轮；4—轴；5—密封环；6—叶轮螺母；7—止动垫圈；
8—轴盖；9—填料压盖；10—填料环；11—填料；12—悬架轴承部件

离心泵的主要工作部件是叶轮，其次是吸液室、泵体(泵壳)、泵盖、轴封装置(填料及填料压盖或机械密封)、轴向力平衡装置、轴承、联轴器、托架、压出室等。当叶轮旋转时，液体就能连续不断地从吸入口吸入、从排出口排出，并使液体产生压力而被排送到高处。

2. 离心泵的工作原理

在启动泵前，要先用液体通过漏斗将泵壳与吸入管路内灌满。当叶轮飞快旋转时，叶轮内的液体在叶轮内叶片的推动下，也跟着旋转起来，使液体获得离心力，并沿着叶片流道从叶轮的中心往外运动，然后从叶片的端部被甩出，进入泵壳内的蜗室或扩散管(或导轮)。当液体流到扩散管时，随着液流的断面面积渐渐扩大，流速减慢，将一部分动能头转化为静能头，使压力上升，最后从排出管压出。与此同时，叶轮中心由于液体被甩出，产生了局部真空，因而吸液池内的液体在液面压力作用下，从吸入管源源不断地被吸入泵内。叶轮连续旋转，将液体不断地由吸液池送往高位槽或压力容器。

图1-29为离心泵安装在管路系统内的装置示意图。图中底阀的作用就是在灌泵时防止液体沿吸液管漏失。灌泵的目的是排除叶轮及吸液管内的空气，以免因空气的密度

远小于液体的密度、离心力小而使叶轮吸液口不能形成足够的低压，无法使液体吸入，从而产生"气缚"现象。泵进口处的真空表是为了观察泵的吸入真空度，判断是否会发生汽蚀；出口压力表用以显示液体排出泵时的压力（扬程）。

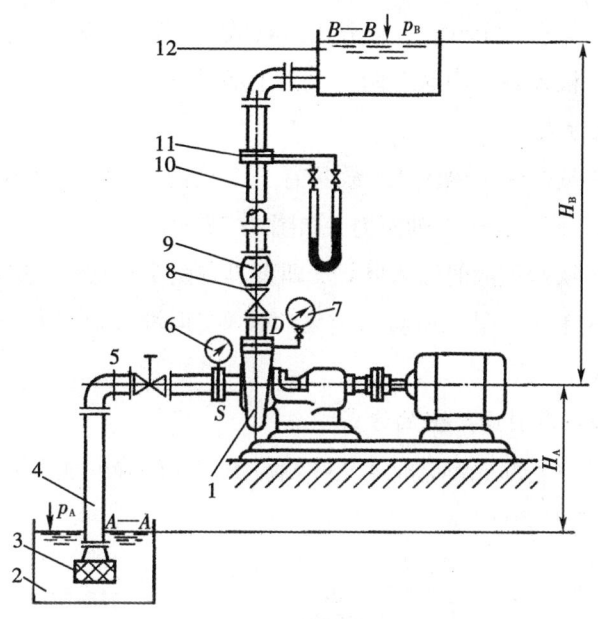

图1-29 离心泵装置示意图

1—离心泵；2—吸液池；3—带滤网的底阀；4—吸入管路；5—闸阀；6—真空表；7—压力表；
8—调节阀；9—单向阀；10—排出管路；11—流量计；12—高位槽

3. 气缚

离心泵启动时，如果泵壳内存在空气，由于空气的密度远小于液体的密度，因此叶轮旋转所产生的离心力很小，叶轮中心处产生的低压不足以达到吸上液体所需要的真空度，这样，离心泵就无法工作，这种现象称作"气缚"。

为了使启动前泵内充满液体，可以在吸入管道底部装一个止逆阀。此外，在离心泵的出口管路上也装一个调节阀，用于开、停车和调节流量。

4. 离心泵的优缺点

(1) 优点：① 因无自吸功能、有排液阀且摩擦副等易损件较少，泵的转速较高，一般为700~3500 r/min，运行可靠，维修费低；② 流量均匀，并可通过调节阀的不同开度在较宽的范围内调节流量，操作方便；③ 可输送含有固体颗粒的液体；④ 重量轻，占地面积小，无噪声，运转稳定。

(2) 缺点：① 无自吸功能，需灌泵；② 在输送小流量、高能头液体时效率低，故不宜在此范围内使用；③ 输送液体的黏度、密度对离心泵的性能有很大的影响。

二、离心泵的分类

离心泵的分类方法有很多,一般可按照以下几种方法分类。

1. 按照叶轮数目

(1) 单级泵:泵中只有一个叶轮,一般压力较低,如图1-28所示。

(2) 多级泵:同一根泵轴上串联有两个及以上的叶轮。

2. 按照叶轮吸入方式

(1) 单吸泵:液体从叶轮一侧流入,泵具有一个吸液口,液体在其间流动情况较好,但叶轮两侧所受压力不同,会产生轴向力,如图1-28所示。

(2) 双吸泵:液体从两侧同时流入叶轮,即泵具有两个吸液口,这种叶轮及泵壳制造比较复杂,液体汇合时稍有冲击,就会影响泵的效率,但没有轴向力,流量比单级泵增加1倍,如图1-29所示。

3. 按照从叶轮将液体引向泵室的方式

(1) 蜗壳式泵:泵室呈蜗壳形,液体从叶轮流出后经蜗壳使速度降低、压力升高,然后由排液口流出,如图1-30所示。

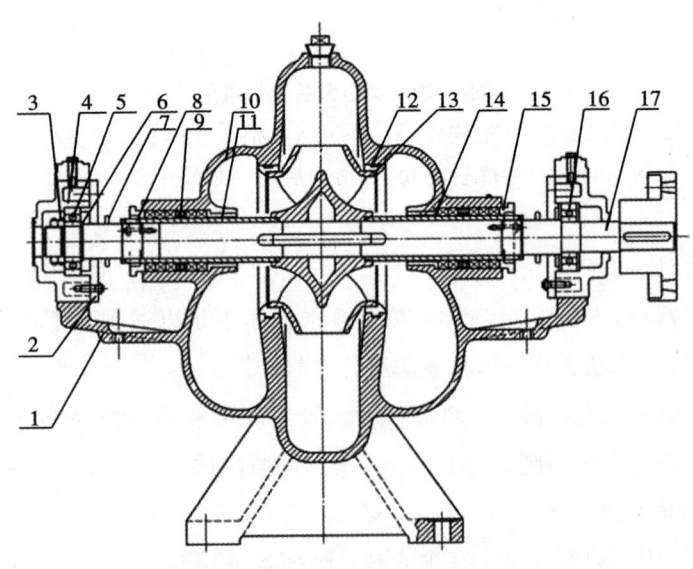

图1-30 S型双吸蜗壳离心泵

1—泵体;2—轴承端盖;3—圆螺母;4—轴承体;5—深沟球轴承;6—轴承垫圈;7—挡水圈;
8—轴套螺母;9—填料环;10—泵盖;11—轴套;12—口环;13—叶轮;14—填料挡圈;
15—填料压盖;16—圆柱滚子轴承;17—轴

(2) 导叶式泵:液体从叶轮流出后,先经过固定的导叶轮,在其中降速增压后进入泵室,再经排液口流出。

4. 按照泵壳剖分方式

(1) 中开式泵：壳体在通过轴中心线的平面上分开。中开式多级离心泵一般采用蜗壳形泵体，泵壳在主轴中心线的平面上分开，这种泵按主轴安装位置不同分为水平中开式和竖直中开式两种。如图1-31所示为水平中开式两级离心泵，它的每个叶轮都有相应的蜗壳形吸入室和压出室，这样就相当于把几个单级蜗壳泵组装在同一根轴上串联工作。由于吸入口和排出口直接铸在泵体上，所以检修时不需要拆卸出入口管线，只要把上泵壳取下，即可取出转子。叶轮通常为偶数，呈对称排列，以消除不平衡轴向力，因此不需要另设轴向力平衡装置。

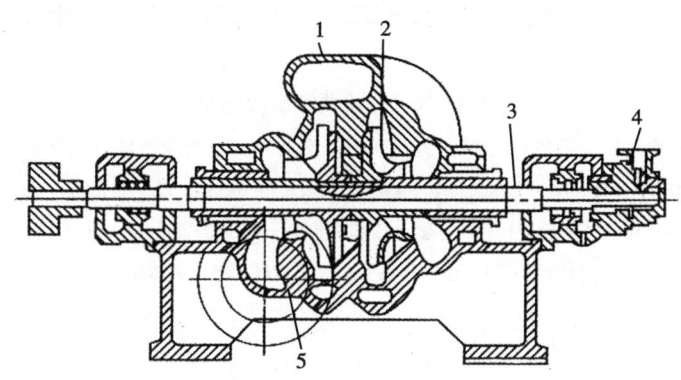

图1-31 水平中开式两级离心泵
1—泵盖；2—叶轮；3—泵轴；4—轴头油泵；5—泵体

这种泵与同性能的分段式离心泵相比，体积更大，对铸造和加工技术要求较高。由于它流量大、扬程高，所以主要用于城市供水、蒸汽锅炉给水、矿山排水和输油管线等。其流量一般为450~1500 m³/h，扬程为100~500 m，最高出口压力可达18 MPa。

(2) 分段式泵：壳体按照与主轴垂直的平面剖分。分段式多级离心泵是一种垂直剖分多级泵，它由一个前段、一个后段和若干个中段组成，并用螺栓连接为一体，如图1-32所示。泵轴的两端用轴承支承，泵轴中间装有若干个叶轮，叶轮与叶轮之间用轴套定位，每个叶轮的边缘都装有与其相对应的导轮，在前段和中段的内臂与叶轮易碰的地方装有密封环。叶轮一般是单吸的，吸入口都朝向一边，按单吸叶轮入口方向将叶轮依次串联在轴上。为了平衡轴向力，在末级叶轮后面装有平衡盘，并用平衡管与前段连通。其转子在工作时可以左右窜动，靠平衡盘自动将转子维持在平衡位置上。轴封装置对称布置在泵的前段和后段轴伸出部分。

5. 按照泵的用途和输送介质的性质

按照泵的用途和输送介质的性质，可将离心泵分为水泵、杂质泵、酸泵、碱泵、油泵、低温泵、高温泵、屏蔽泵等。

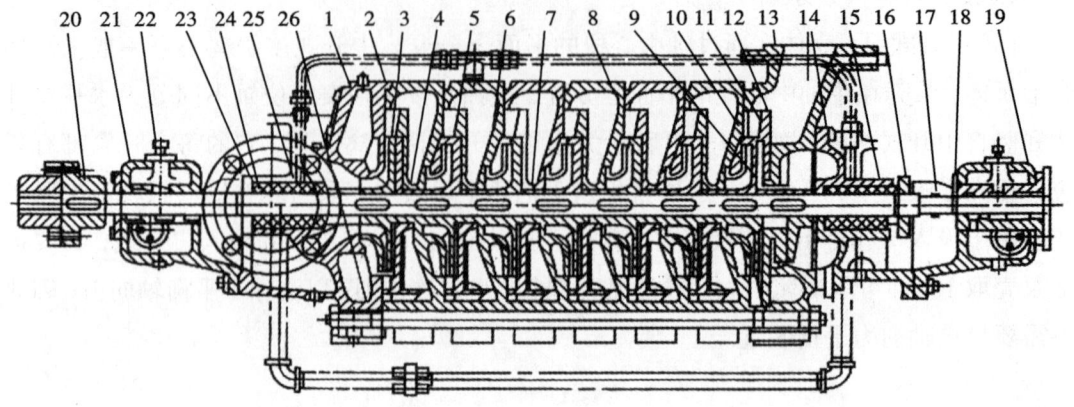

图1-32 分段式多级离心泵

1—进水段；2—中段；3—叶轮；4—轴；5—导轮；6—密封环；7—叶轮挡套；8—导叶套；9—平衡盘；
10—平衡套；11—平衡环；12—出水段导轮；13—出水段；14—后盖；15—轴套乙；16—轴套锁紧螺母；
17—挡水圈；18—平衡盘指针；19—轴承乙部件；20—联轴器；21—轴承甲部件；22—油环；
23—轴套甲；24—填料压盖；25—填料环；26—泵体拉紧螺栓

任务三 离心泵的理论分析

一、液体在叶轮中的运动分析

1. 液体在叶轮内做复合运动

液体在叶轮内的流动极为复杂，除了在离心力作用下沿径向运动外，还随着叶轮一起转动；另外，液体本身的惯性还会产生旋涡。为研究方便，先做如下两个假设：

① 所输送的是理想液体，因此在叶轮内的流动摩擦损失可以忽略，且为稳定流动；

② 叶片数目为无限多，因而叶片厚度无限小，即液体在叶轮内完全沿着叶片的曲线轨迹运动，且在同一半径上，液体沿叶形流动的相对速度大小、方向均相同。

液体质点在叶轮内的运动情况如图1-33所示。

离心泵在工作时，液体随着叶轮旋转，同时又沿着叶片由内向外运动，因此，液体在叶轮内的运动是复杂的运动，它包括了液体的圆周运动、相对运动和绝对运动，分别对应圆周速度 u、相对速度 w 和绝对速度 $c(c=u+w)$，叶轮内任意点的这三个速度构成了速度三角形，反映了液体在该点的流动速度的大小和方向。

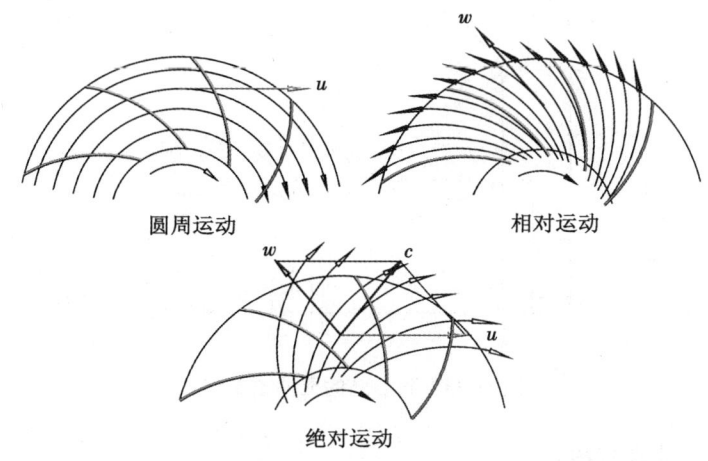

图 1-33 液体质点在叶轮内的运动情况

2. 液体在叶轮进口、出口的速度三角形

图 1-34 中,d_0 为叶轮进口直径;d_1,d_2 为叶片进口、出口直径;b_1,b_2 为叶片进口、出口宽度;α_1,α_2 为进口、出口绝对速度与圆周速度正方向的夹角;β_1,β_2 为叶片进口、出口的切线与圆周切线的夹角,表示叶轮叶片的结构角,一般小于 40°。

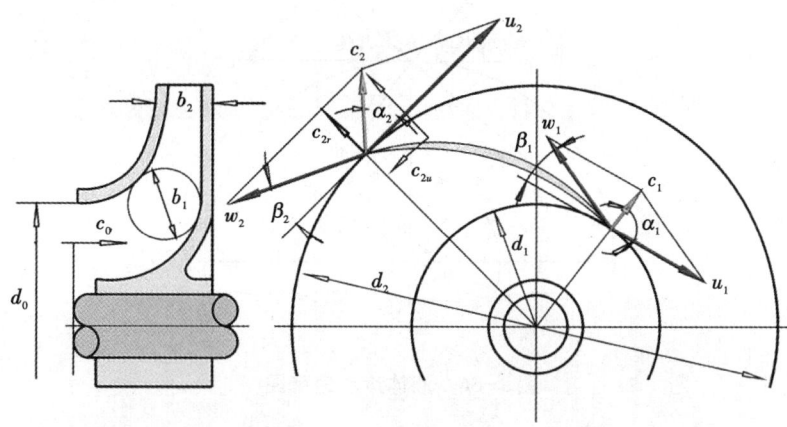

图 1-34 液体在叶轮进口、出口处的速度三角形

3. 离心泵的无冲击工况

如图 1-35 所示,只有当 $\beta_1 = \beta_{1k}$ 时,进口处的相对速度 w_1 的方向和叶片进口表面相切,液体平滑地进入叶轮,对叶片端部不产生冲击,以减少能量损失。当泵轴转速一定时,u_1 为常数,速度 c_1 的方向一定而大小取决于流量,因而 β_1 的大小也取决于流量。只有在某一合适的流量时,才能符合无冲击进入叶轮的条件。当流量大于或小于这一合适流量时,β_1 将大于或小于 β_{1k},从而使液流与叶片产生冲击。

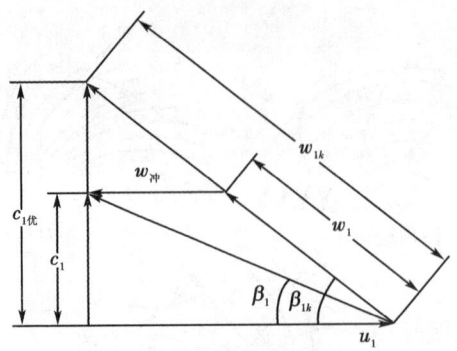

图 1-35 离心泵的无冲击工况

二、离心泵的基本方程式

离心泵产生的扬程的大小可以从理论上加以分析和推导,所得关系式就是离心泵的基本方程式。

液体在转动的叶轮内得到能量的增值与液体在叶轮中的速度变化有关,因此可用力学中的动量矩定理推导出离心泵的基本方程式。液体运动速度如图 1-36 所示。

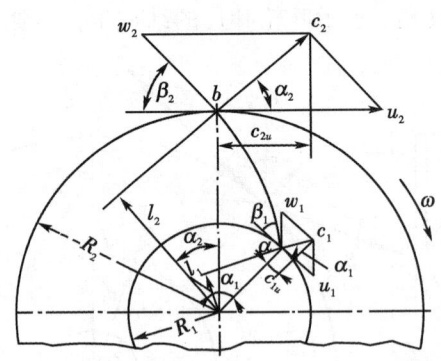

图 1-36 液体运动速度图

1. 基本能量方程式(欧拉方程式)

由动量矩定理和能量平衡关系,以及叶轮进口、出口处液体运动速度的关系,可以得到离心泵的理论压头

$$H_{t\infty} = \frac{1}{g}(u_2 c_2 \cos\alpha_2 - u_1 c_1 \cos\alpha_1) \tag{1-1}$$

式(1-1)表明:① 离心泵的理论压头只与进口、出口处液体运动速度有关,当叶轮的外径 R_2 越大、转速越高,以及 β_2 越大、α_2 越小时,离心泵给出的理论压头也越大;② 理论压头与被输送液体性质无关。

由动量矩定理可知,在稳定流情况下,单位时间内流过的液体质量从一个断面动量

矩 M_1 到另一个断面动量矩 M_2 的动量矩的变化,等于作用在这两个断面间液体上的外力矩 M,即

$$M_1 = mc_1l_1 = mc_1R_1\cos\alpha_1$$

$$M_2 = mc_2l_2 = mc_2R_2\cos\alpha_2$$

$$m = \frac{G}{g} = \frac{Q_t\gamma}{g} = Q_t\rho$$

$$M = M_2 - M_1 = m(c_2l_2 - c_1l_1) = \frac{Q_t\gamma}{g}(c_2R_2\cos\alpha_2 - c_1R_1\cos\alpha_1) \quad (1\text{-}2)$$

如液体通过叶轮没有能量损失,由能量守恒定律可知,叶轮消耗的机械功率全部转变为液体的水力功率,即

$$M\omega = Q_tH_{t\infty}\gamma \quad (1\text{-}3)$$

叶轮传给单位重量的液体的能量或假定叶片无限多时泵的理论压头

$$H_{t\infty} = \frac{M\omega}{Q_t\gamma} = \frac{Q_t\gamma\omega}{Q_t\gamma g}(c_2R_2\cos\alpha_2 - c_1R_1\cos\alpha_1) \quad (1\text{-}4)$$

考虑到 $u = \omega R$,经整理得

$$H_{t\infty} = \frac{1}{g}(u_2c_2\cos\alpha_2 - u_1c_1\cos\alpha_1)$$

$$H_{t\infty} = \frac{1}{g}(u_2c_{2u} - u_1c_{1u})$$

$$H_{t\infty} = \frac{u_2c_{2u}}{g} \quad (1\text{-}5)$$

2. 叶片数目对离心泵理论压头的影响

理论压头是在假设有无限多叶片的条件下得出的。实际上,叶片数目是有限的。实验表明,有限叶片数的叶轮的 H_t 要比无限多叶片的叶轮的 $H_{t\infty}$ 小 15%~20%。这是因为,当叶片数为有限值时,流道内各个流束将不完全按叶片形状规定的轨迹运动,从而使实际压头下降。

有限叶片数叶轮 H_t 和无限叶片数叶轮 $H_{t\infty}$ 存在下列关系:

$$H_t = KH_{t\infty} \quad (1\text{-}6)$$

式中,K——压头修正系数。

叶轮的叶片数通常在 6~12 之间,而 K 值一般为 0.5~0.9,叶片数越大时,K 值就越大,H_t 越接近于 $H_{t\infty}$。

3. 叶片出口角对离心泵理论压头的影响

理论压头可由式(1-7)来求:

$$H_{t\infty} = \frac{u_2}{g}(u_2 - c_{2r}\cot\beta_{2k}) \quad (1\text{-}7)$$

由此可见，泵的理论压头与叶轮出口处的结构角有密切关系。

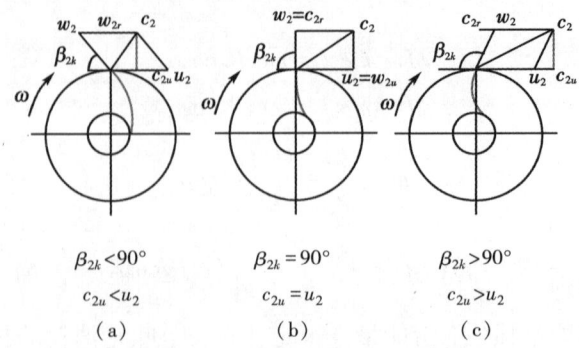

图 1-37 叶片形状及速度三角形

三种叶轮如图 1-37 所示：

① 后弯式叶片——叶片向旋转方向后方弯曲，即 $\beta_{2k}<90°$，如图 1-38(a)所示；

② 径向式叶片——叶片出口沿半径方向，即 $\beta_{2k}=90°$，如图 1-38(b)所示；

③ 前弯式叶片——叶片向旋转方向前方弯曲，即 $\beta_{2k}>90°$，如图 1-38(c)所示。

离心泵叶轮的叶片实际上全都采用后弯式，即 $\beta_{2k}<90°$ 的结构，一般 $\beta_{2k}=15°\sim35°$，很少到 $50°$。

后弯式叶片具有如下优点：

① 液体出口速度 c_2 相对于进口速度 c_1 增加不大，为了使速度能转化为压力能，在转能装置中的损失也不大，且静压头远比动压头大；

② 这种叶片的弯曲率不大，液体在泵内流动时的水力损失较小，故泵的水力效率高；

③ 这种叶轮工作较平稳，振动噪声小，且工况变化时泵的轴功率变化较小。

三、离心泵主要性能参数

离心泵主要性能参数反映了离心泵的综合性能指标。一般在离心泵的铭牌上都应标出这些参数的值。离心泵的铭牌如图 1-38 所示。

图 1-38 离心泵的铭牌

1. 扬程

单位重量的流体流过泵以后获得的有效能量叫扬程,单位为 m(液柱),用 H 表示。

2. 流量

单位时间内泵所输送的液体量叫流量,有容积流量 Q 和质量流量 M 两种表示方法,单位有 m^3/s、m^3/h、L/s、kg/s、t/h 等。

3. 功率

泵的功率通常有以下几种表示方法。

(1) 有效功率:泵在每秒钟对输出液体所做的功,即 $N_e = QH\rho g/1000$ kW。

(2) 水力功率 N_h:单位时间泵做功部件给出的能量,即 $N_h = QtHt\rho g/1000$ kW。

(3) 泵的功率 N(或泵的轴功率):单位时间由原动机传递到泵轴上的能量。

4. 效率(η)

实际液体从泵入口到泵出口的流动过程存在以下三种能量损失,这些能量损失使离心泵效率下降。泵内部损失示意图如图 1-39 所示。

(1) 容积损失:泄漏所造成的损失。这是一部分已获得能量的高压液体由叶轮出口处通过叶轮与泵壳间的缝隙或从平衡孔漏返回到叶轮入口处的低压区造成的能量损失。

(2) 水力损失:进入离心泵的黏性液体产生的摩擦阻力及在泵的局部处因流速与方向改变引起的环流和冲击而产生的局部阻力。

(3) 机械损失:由泵轴与轴承之间、泵轴与填料函之间及叶轮盖板外表面与液体之间产生的机械摩擦引起的能量损失。

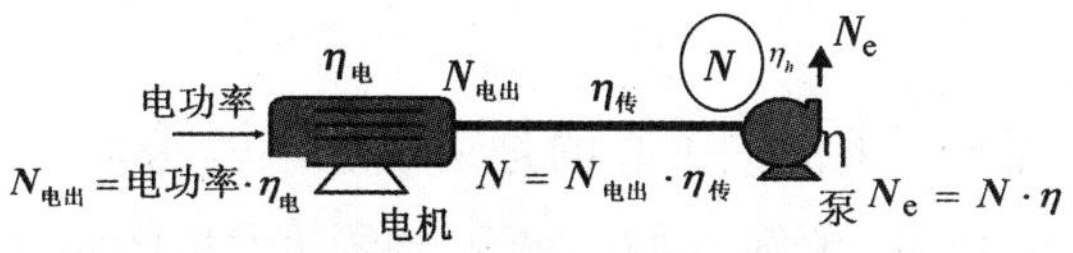

图 1-39 泵内部损失示意图

因此,效率 η 为有效功率与轴功率之比,即

$$\eta = N_e/N_0 \quad (1-8)$$

$$N_e = \rho q Qh/1000 \text{ kW}$$

5. 转速

转速即泵轴每分钟旋转的次数 n,单位是 r/min。

6. 汽蚀余量

汽蚀余量指泵入口处液体所具有的总水头与液体汽化时的压力头之差,单位用 m(水柱)标注,用(NPSH)表示,具体分为以下几类。

(1) NPSHa:装置汽蚀余量,又叫有效汽蚀余量,由系统安装条件决定,表示在泵进口处单位重量液体具有超过汽化压力水头的富余能量,越大越不易汽蚀。

(2) NPSHr:泵汽蚀余量,又叫泵必须汽蚀余量,是泵本身固有属性,表示为了保证泵不发生汽蚀,要求在泵进口处单位重量液体具有超过汽化压力水头的富余能量。在泵已选定的情况下,NPSHr 值是确定的。

(3) NPSHc:临界汽蚀余量,指对应泵性能下降一定值的汽蚀余量。

(4) [NPSH]:许用汽蚀余量,是确定泵使用条件用的汽蚀余量,通常取 [NPSH] = (1.1~1.5) NPSHc。

泵不产生汽蚀的条件是:NPSHa ≥ NPSHr。

7. 允许吸上真空度

允许吸上真空度是指泵不发生汽蚀,其入口处允许的最低绝对压力(表示为真空度),以液柱高度表示,符号为 H_s,单位为 m(液柱)。

练习题

某 B 型离心泵,其吸入管口径为 0.1 m,排出口管径为 0.075m,流量为 0.025 m³/s,出口压力表读数为 0.33 MPa(表压),进口真空表读数为 0.04 MPa,两表位差为 0.8 m(H_2O),电机功率为 12.5 kW,电机效率(η)为 0.95,泵与电机直联,输送介质为水,问:此泵的扬程为多少?泵的有效功率为多少?轴功率为多少?效率为多少?

四、离心泵的特性曲线

1. 特性曲线

在选择和使用离心泵时,人们最关心的是离心泵能输送多大的排量 Q、产生多大的压头(扬程)H,以及其功率 N、效率 η 的高低和带泵动力机的转速 n、功率 N_a 等。

特性曲线是在转速 n 一定的条件下,通过实验得出的 H-Q,N_a-Q,Q-η 等关系曲线。如图 1-40 和图 1-41 所示。一般由生产厂家给出,在泵的说明书和产品样本上可以查询到。

必须强调的是,特性曲线是在固定转速下测出的,只适用于该转速,故特性曲线图上都注明转速 n 的数值。

从离心泵的特性曲线可以得出以下结论。

(1)离心泵的压头(扬程)随着流量的增加而降低。因此,离心泵的流量和扬程很容易通过调节排出阀门来控制。

(2)离心泵的轴功率(输入率)随着流量的增加而增加。因此,离心泵应采取闭式启动,以防止电机过载。

(3)离心泵的最高效率在其额定流量时,大于或小于该流量效率都会降低。

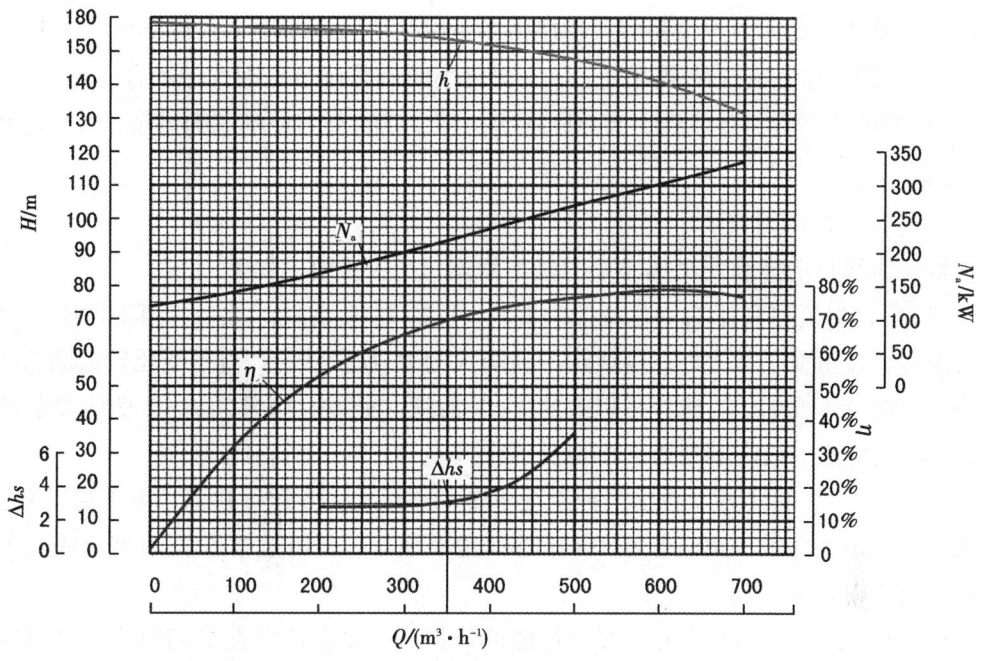

图 1-40 ZXA150-630A 离心泵性能曲线图（一）

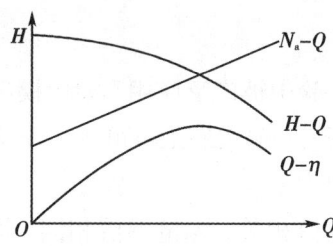

图 1-41 离心泵特性曲线图（二）

2. 三种 H-Q 曲线

离心泵的结构不同，实际的 H-Q 曲线形状有较大的差别，大体上分为如图 1-42 所示的陡降式、平坦式和驼峰式 3 种。

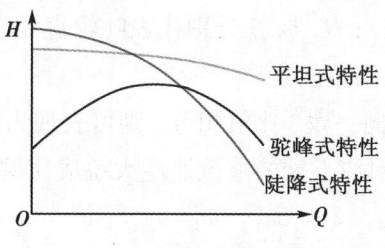

图 1-42 离心泵特性曲线图（三）

(1)陡降式特性：这种泵适用于排量变化小而压头调节范围大的场合，适合输送黏性较大的液体。这是因为当黏度变化而使压头变化时，泵的排量变化很小或几乎不变。

(2)平坦式特性：这种泵适用于压头变化小而排量调节范围大的场合。

(3)驼峰式特性：在最高点两侧同样压头下，可能有两种不同的排量，因而这种泵工作不稳定。在最高点以左，称为涡流段，压头损失大。

3. 特性曲线的应用

特性曲线是选择和使用离心泵的基本依据，其主要用途如下。

(1)根据对流量和压头变化特征的要求，选择 H-Q 曲线。比如，当工作压力 P 变化较大而希望流量变化较小时，应该选择陡降式的 H-Q 曲线；当流量变化较大而希望工作压力基本保持不变时，应选择平坦式的 H-Q 曲线。此外，当泵的 H-Q 曲线是驼峰形状时，应该避免使用最高点左边的不稳定工作区。

(2)从 N_a-Q 曲线可以看出某种工况下轴功率最小，要选择在该工况下启动泵，以防止动力机过载。一般的离心泵在 $Q=0$ 时轴功率最小，所以通常在关闭排出阀门的条件下启动离心泵最为有利。

(3) Q-η 曲线是判断离心泵经济性能的依据，一般应选择在最高效率点或其左右区域内(最高效率以下 7% 范围内)工作。

五、离心泵的相似理论及应用

1. 相似条件

相似理论在离心泵的设计实验中被广泛应用，如用模型泵进行相似设计或用相似原理进行性能换算等。对离心泵而言，输送的是不可压缩流体，其相似条件有以下几点。

(1)几何相似(液流的几何相似)。

泵过流元件对应线性尺寸比值相等，无量纲值相同，即各对应角相等、对应尺寸成比例。

$$\frac{D_1'}{D_1} = \frac{D_2'}{D_2} = \frac{b_1'}{b_1} = \frac{b_2'}{b_2} = \lambda \tag{1-9}$$

$$\beta_1 = \beta_1', \beta_2 = \beta_2', z = z'$$

式中，用有无上标"′"区分不同的泵，下标"1""2"分别代表叶轮进口和出口；z 为叶片数；λ 为相似比(某个常数)；D、b、β 分别代表叶轮直径、流道宽度、叶片安置角。

(2)运动相似(液流的运动相似)。

若对应点上同名速度方向一致、比值相等，则可表现为进口和出口速度三角形相似，即相似泵中，叶轮流道内各对应点处的液流速度大小成比例，方向相同。

$$\frac{c_1'}{c_1} = \frac{c_2'}{c_2} = \frac{w_1'}{w_1} = \frac{w_2'}{w_2} = \frac{u_1'}{u_1} = \frac{u_2'}{u_2} = \lambda \frac{n'}{n} \tag{1-10}$$

$$\alpha_1 = \alpha_1', \alpha_2 = \alpha_2', \beta_1 = \beta_1', \beta_2 = \beta_2'$$

式中，用有无上标"′"区分不同的泵，下标"1""2"分别代表叶轮进口和出口；c,w,u 分别代表绝对流速、相对流速、圆周速度；n 代表转速；α,β 分别代表绝对流速正向与圆周速度正向的夹角、相对流速正向与圆周速度反向的夹角。

（3）动力相似。

作用于流体质点上的同名力方向相同，比值相等。这些力有惯性力、黏性力、液体静压力和重力等。

满足"几何相似""运动相似""动力相似"的工作状态，称作"工况相似"，工况相似的两台离心泵就称为"相似工况泵"。"相似工况泵"一定满足相似定理。

实际工程中，要满足动力相似非常困难，而且也没有必要，通常起主导作用的力相似就可以了。在受压（受迫）流动中，起主导作用的是黏性力和惯性力，而惯性力和黏性力之比恰好为雷诺数，故动力相似只需两泵的雷诺数相等就可满足。

一般离心泵的流道中惯性力占主导地位且流速很高，雷诺数都大于临界雷诺数，处于阻力平方区，流体的黏性力与雷诺数无关，只随表面粗糙度变化而变化。因此，近似认为只要满足"几何相似""运动相似"，就认为是"工况相似"。但对输送液体黏度很大或尺寸很小、试验转速很低的情况，需考虑雷诺数的影响。

两台尺寸不同但结构形状完全相似的离心泵称为相似泵，两台相似泵一定满足几何相似、运动相似和动力相似；它们的运动规律也可能完全相似，因而它们的性能按照一定规律变化。

2. 离心泵的相似定律

离心泵的性能曲线是液体在泵内运动情况的外部表现。如果两台泵几何相似，则实型泵性能曲线上的某点工况 A 与模型泵性能曲线上的某工况点 A' 相对应，其对应点液体运动相似，则 A,A' 工况为相似工况，只要能满足前面的三个相似条件，两泵就为相似泵。

应满足简化条件：① 两泵几何尺寸相差不太大；② 两泵的转速相差不太大；③ 输送同一种液体，结构相同。

如此则认为"两泵的分效率近似相等"，从而得简化相似定律

$$\begin{aligned}\frac{Q'}{Q}&=\left(\frac{D'}{D}\right)^3\frac{n'}{n}\\ \frac{H'}{H}&=\left(\frac{D'}{D}\right)^2\left(\frac{n'}{n}\right)^2\\ \frac{N'}{N}&=\left(\frac{D'}{D}\right)^5\left(\frac{n'}{n}\right)^3\end{aligned} \quad(1-11)$$

式中，带"′"角标的参数为模型泵的参数，不带"′"角标的参数为实型泵的参数。

式（1-11）称为离心泵的相似定律，适用于几何相似时，各泵的工况相似。

3. 相似定律的特例——比例定律及其应用

(1) 比例定律。比例定律即 $\lambda=1$ 时的相似定律，为相似定律的特例，它表征同一台泵不同转速下流量、扬程、功率的变化规律。

离心泵样本上的性能曲线，是在一定转数下经实验测定而绘制的。依据流量关系式 $Q_t = c_{2r}\pi D_2 b_2$ 及扬程关系式 $H_{t\infty} = \dfrac{u_2 c_{2u\infty}}{g}$ 可以看出，当泵的转速改变后，速度三角形就要发生变化，也就是说以上关系式中的速度分量要发生变化，泵的流量、扬程及所需功率也将随之改变。设在转速 n 时流量、扬程及所需功率各为 Q,H,N，则在转速改变至 n' 时相对应的值为 Q',H',N'。根据相似定律可得相似工况点对应参数与转速间的关系如下（两者有下列换算关系式）：

$$\frac{Q}{Q'}=\frac{n}{n'},\ \frac{H}{H'}=\left(\frac{n}{n'}\right)^2,\ \frac{N}{N'}=\left(\frac{n}{n'}\right)^3 \quad (1-12)$$

式(1-12)即比例定律的表达式。如果已知 n_1 转速下的性能曲线 H_1-Q_1 和 η_1-Q_1，则可用比例定律求出 n_2 下的性能曲线 H_2-Q_2 和 η_2-Q_2。

应当注意，上述比例定律对于水类和油类都能大体上成立，但当转速 n 和黏度相差太大时是不准确的，因此它的应用也有一定的局限性。

比例定律与相似定律一样，都是近似的，流量与扬程的计算精度较高，而功率因不同转速时 η_m 有变化。只有当转速变化不大时，由式(1-12)算得的功率才具有较高的精度。

(2) 通用性能曲线。应用比例定律时，假定效率 η 是不变的，但在实际中，当转速改变较大时，效率 η 不能保持不变。这就需要用实验测出不同转速下泵的性能，绘出不同转速下的性能曲线。若将一台泵在各种转速下的性能曲线绘在一张图上，并将 Q-H 曲线上效率相同的各点连接成曲线，便可得到泵的通用性能曲线。在通用性能曲线图上泵的流量与效率的关系不用 Q-η 曲线表示，而用等效率曲线表示。

等效率曲线如图 1-43 所示。绘制时，先绘出在各种对应转速下的 Q-η 曲线，然后在各对应转速下的 Q-H 线上标出等效率点，连接各等效率点便可绘出等效率曲线。

离心泵的通用性能可以说明泵的运转性能，并可根据工作条件选择泵的转速。选择的方法是将该工作条件下的 Q 及 H 值标到通用性能曲线上得出工作点，由工作点的位置便可估计出应采用的转速。如果已知泵的转速和流量，可以在通用性能曲线上查出扬程。从横坐标上已知 Q 值引垂线，与已知转速的 Q-H 曲线交点的纵坐标值即所求的扬程。

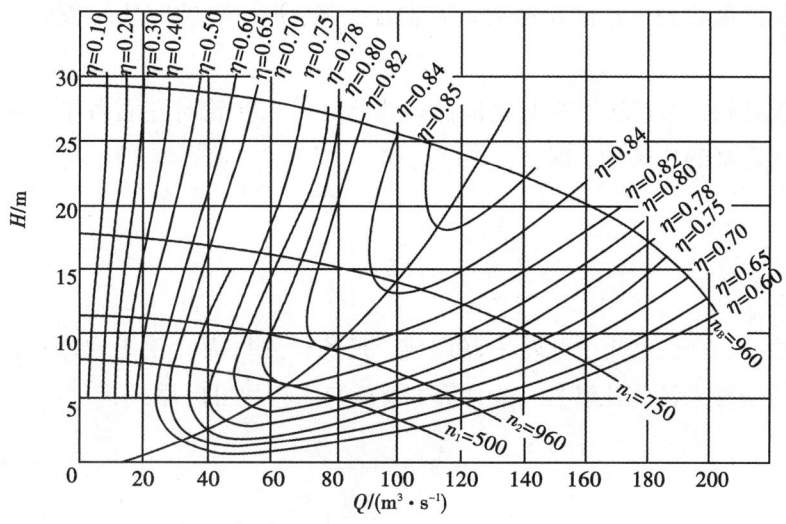

图 1-43 等效率曲线

六、比转数

1. 离心泵的比转数

目前离心泵的类型和规格很多，结构多种多样，尺寸、型号也极不相同，这就导致无法在它们中间进行比较。在进行新泵设计时，由于泵内流体力学情况的复杂，往往要参照现有的泵来进行仿制和设计新泵，因为这些已在运行中且效率较高的泵，是经过实践检验的，如果单纯用理论计算往往误差较大，不能达到较高的泵效率。在泵的模型试验和分类中，人们经常采用比转数的概念。比较数是一个比较准则，同时也是设计新泵时寻找"模型水泵"的主要参数。

从相似原理出发，可以得到离心泵比转数的表示式：

$$n_s = 3.65 \frac{n\sqrt{Q}}{H^{\frac{3}{4}}} \tag{1-13}$$

由于一个泵可以在其特性曲线上的许多 Q 和 H 下工作，所以一台泵就可以求出许多个比转数。但规定用泵设计点的 Q，H，n 求出的 n_s 值为该泵的比转数。

一个泵比转数越小，则扬程越高、流量越小。加大扬程和减小流量，就需要增大叶轮外径 D_2 和减小叶轮出口宽度 b_2，因此对低比转数泵，其 D_2/D_1 的值较大，而 b_2/D_2 的值较小。随着泵的比转数的增大，泵的 b_2/D_2 的值逐渐增大，而 D_2/D_1 的值随之减小，所以叶轮的形状和尺寸同比转数 n_s 有直接关系，因为它们直接关系到泵的 Q 和 H 值。

比转数太小会使叶轮外径过分增大而叶轮的通道过分变狭，这样就增加了轮盘摩擦损失和水力损失，降低了泵的效率，而且增加了铸造上的困难。因此实际上并不生产 n_s 小于 50 的离心泵。当要求工作扬程高或流量很小时，则应采用多级泵或容积泵(如往复泵)。

由于叶轮的形状和尺寸同比转数 n_s 有直接关系,所以可按照比转数的不同将泵分成若干类。

对于双吸叶轮,因它从一个叶轮的两边进水,流入叶轮时左右各半,故应按额定流量的 1/2 来计算泵的比转数,即

$$n_s = 3.65 \frac{n\sqrt{\frac{Q}{2}}}{H^{\frac{3}{4}}} \qquad (1-14)$$

对于多级泵,它是由几个叶轮串联而成,其扬程为每级叶轮扬程之和,所以只取其中一级叶轮的扬程来计算比转数,故计算 i 级泵的比转数可应用式:

$$n_s = 3.65 \frac{n\sqrt{Q}}{\left(\frac{H}{i}\right)^{\frac{3}{4}}} \qquad (1-15)$$

比转数的含义可归纳如下:

① 对于一台泵来说,其设计点只有一个,故其比转数是定值,比转数由相似定律推得,可作为相似判断的依据,即几何相似的泵在相似工况下比转数相等;但反过来,比转数相等的泵,一般来说有几何和运动相似,但并不绝对。

② 比转数是有量纲的,这虽然不影响用它来判断泵是否相似,但必须注意单位统一。

③ 比转数是判断几何相似、运动相似的准则,故可按照比转数来对泵的几何形状及性能曲线的趋势分类。

根据比转数的大小可得如下结论,如表 1-1 所列。

表 1-1 比转数对泵性能的影响

泵的类型	离心泵			混流泵	轴流泵
	低比转数	中比转数	高比转数		
比转数	30~80	80~150	150~300	300~500	500~1000
叶轮形状					
D_2/D_0	≈3	≈2.3	≈1.8~1.4	≈1.2~1.1	≈1
叶片形状	圆柱形	入口处扭曲、出口处圆柱形	扭曲	扭曲	机翼形

表1-1(续)

泵的类型	离心泵			混流泵	轴流泵
	低比转数	中比转数	高比转数		
性能曲线大致形状	(H, N, η vs Q 曲线)	(H, N, η vs Q 曲线)	(H, N, η vs Q 曲线)	(H, N, η vs Q 曲线)	(H, N, η vs Q 曲线)

(1)比转数从小到大,泵分为离心泵、混流泵、轴流泵。低比转数时,泵为高扬程、小流量;高比转数时,泵为低扬程、大流量。

(2)低比转数时,叶轮形状窄而长;随着比转数的增加,叶轮形状变为宽而短,即 D_2/D_0 的比值降低。低比转数时,叶片为圆柱形,随着比转数的增加,叶片流道变宽,为了提高抗汽蚀性能(叶片进口边向吸入侧延伸)和减少冲击损失,采取入口处扭曲、出口处圆柱形的结构。随着比转数进一步增加,叶片做成完全扭曲的形状,当比转数增加至混流泵时,为避免二次回流,出口处做成倾斜状。

(3)低比转数时,$H-Q$ 曲线易出现极大值,因此叶轮出口角较大,液流进入压水时的速度大,其冲击损失比高、比转数叶轮的冲击损失大,故理论扬程和流量的关系曲线较平直。随着比转数的增加,$H-Q$ 曲线变陡。

(4)低比转数时,零流量时的轴功率小;高比转数时,零流量时的轴功率大。故离心泵应关阀启动,轴流泵应开阀启动。

(5)低比转数时,因轮阻损失、摩擦损失较大,效率较低。

从以上分析可知,比转数是编制离心泵系列的基础,也是设计、使用泵时须选择的重要参数。

2. 国产离心泵的系列化

"系列化"简单地说就是"同类归并、大小分档"。"同类归并"就是将泵类产品按照用途和结构形式等特征分类,同类型的泵归并到一起,通过比较分析、选优、定型,使产品的品种在典型化的基础上统一简化。"大小分档"就是把同类型泵的主要尺寸和参数进行合理分级,使产品规格在经济、合理地满足各方面需要的基础上统一简化。这样,只需要较少的产品规格就可以满足各方面的使用要求。产品规格简化后,生产批量相应加大,从而可以组织成批或大量生产,便于机械化、自动化生产,不断提高生产技术水平、产品质量及劳动生产率,进而降低生产成本。

目前,我国离心泵的产品有 IS 型、S 型、D 型、F 型、Y 型等多种系列。

七、离心泵相似理论应用举例

1. 用相似法设计泵

相似法又称模型法,是泵设计的主要方法之一。相似法可将实型泵设计成模型泵,对模型泵进行试验;也可选一模型泵设计实型泵。设计步骤如下:

(1)按给定参数(Q_w,H_w,n)计算欲设计泵的比转数 z;

(2)选择与实型泵比转数相同、性能良好的泵为模型泵;

(3)根据模型泵与设计泵的性能参数,计算尺寸系数 i_l;

(4)按尺寸系数及模型泵的尺寸,算出实型泵的尺寸;

(5)以相同转速时模型泵的性能曲线为依据,按相似定律做出实型泵的性能曲线。

上述设计在两泵几何尺寸相差不大时误差较小。

2. 同一台泵转速不同时性能曲线的换算

根据比例定律将不同转速的 H-Q 曲线及 N-Q 曲线、Q-η 曲线画在同一张图上,此即泵的通用性能曲线。

八、切割定律及应用

叶轮出口处参数的变化对泵性能的影响很显著。由式 $H_{t\infty} = \dfrac{u_2^2}{g} - \dfrac{u_2 \cdot \cot\beta_{2A} \cdot Q_t}{\pi D_2 b_2 \tau_2 g}$ 可看出,用车削叶轮外直径减小 D_2 的方法可在泵转速不变的情况下使性能曲线下降。因此,当用户使用泵并发现泵的流量、扬程偏高时,可采用叶轮外径切割的方法来降低流量、扬程。叶轮直径 D_2 减小后,几何不相似,故不能用相似定律来计算切割后叶轮的性能变化,而必须用切割定律。当叶轮外径切割量不大时,可认为近似有 $\beta_{2A} = \beta'_{2A}$(带"'"表示切割后的参数),并且认为轴向涡流也近似不变,故切割前后出口处液流速度三角形对应相似。这种叶轮出口处液流速度三角形对应相似的工况称切割对应工况。切割对应工况下,泵的性能参数变化规律称为切割定律。叶轮外径车削以后的性能可用以下经验公式换算。

1. 中低比转数泵的切割定律表达式

当切割前后外径之比 D'_2/D_2 不小于 0.9 时,根据出口速度三角形对应相似,可得

$$\frac{Q'}{Q} = \left(\frac{D'_2}{D_2}\right)^2, \quad \frac{H'}{H} = \left(\frac{D'_2}{D_2}\right)^2, \quad \frac{N'}{N} = \left(\frac{D'_2}{D_2}\right)^4 \qquad (1-16)$$

上式表示切割前后流量与扬程的关系是直线关系,也是切割前后对应点的连线。

2. 高比转数泵的切割定律表达式

若切割前后叶轮出口宽度 $b_2 > b'_2$,可近似地认为切割前后叶轮出口面积相等,且 $\beta_{2A} = \beta'_{2A}$,则

$$\frac{Q'}{Q} = \left(\frac{D_2'}{D_2}\right), \quad \frac{H'}{H} = \left(\frac{D_2'}{D_2}\right)^2, \quad \frac{N'}{N} = \left(\frac{D_2'}{D_2}\right)^3 \tag{1-17}$$

切割定律是一种近似定律，切割后的效率一般都要下降，当切割量较小时可近似地认为切割后的效率不变。为了保证切割后的效率不降得过多，规定了最大允许切割量。

离心泵可以用车削叶轮的方法使泵在 D_2 及 $D_{2\min}$ 对应线所围成的带形区中任意点下工作，但考虑到运转时的经济性，泵的效率应较高才合理。按照一般规定，泵工作时效率的降低应不超过其最高效率的 7%。因此泵在上述区域内，在用两条 $\eta = 7\% \eta_{\max}$ 的等效曲线切割所围成的扇形区域中工作才好，这种扇形面积一般称为切割高效工作区。

在离心泵制造厂所提供的性能曲线图中，往往在泵的 Q-H 曲线上用波纹线（或圆点）标出大致对应这个高效区的线段，如图 1-44 所示。

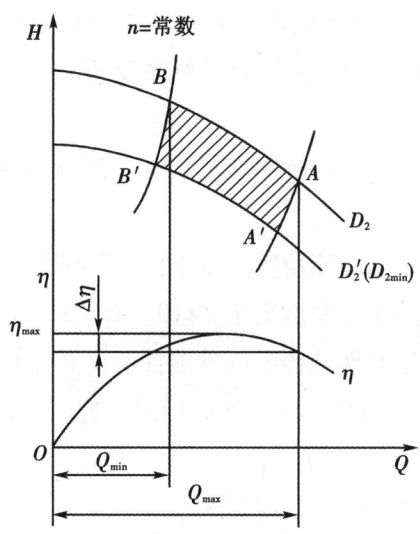

图 1-44 离心泵高效工作区

经验证明，如果车削量不大，效率近似相等。

应该指出，叶轮直径是不能任意车削的，车削量过大会影响泵的效率。叶轮直径的允许车削量与比转数有关。为了便于选取离心泵，有关部门还把同类型的离心泵的高效工作区的扇形面积按照同一比例综合绘在一张图上，该图称为泵的型谱图（也称特性曲线型谱图）。各类泵的型谱图可以从泵类产品样本上查得。

3. 泵适宜工作的范围和型谱

如果泵能在最大效率点下工作，那是最理想的，但最高效率点只对应一个工况，在使用过程中受工艺条件和系统的限制，不可能都在高效点下工作。

把许多泵的叶轮切割前后的高效区用对数坐标画在同一张图上，即前文所说的泵的型谱图。一般每种系列都有一个型谱，所谓"系列"是指同一类结构泵（如单级悬臂式离心泵、双吸式泵等)或同种用途泵(如锅炉给水泵等),而"规格"是指同一种系列中尺寸和性能不同的泵。

九、液体性质对泵性能的影响

液体性质对泵性能的影响:功率 N 与密度 ρ 成正比,即密度增加,功率增加;另外密度对泵的吸入特性也有影响,密度增加时,NPSHa 下降,易发生汽蚀。其具体影响如下。

(1)饱和蒸气压对泵性能的影响:饱和蒸气压对泵的吸入特性有较大影响,饱和蒸气压上升,NPSHa 下降,易发生汽蚀。

(2)液体含有杂质对泵性能的影响:液体含有杂质后,密度增加,使泵的流量 Q、扬程 H、效率 η 下降且对机械密封不利,造成泄漏增加,容积效率下降。

(3)黏度对泵性能的影响:液体黏度增大后,因黏性力增加,使液体沿叶轮流动的速度减慢,且边界层增厚,沿程摩擦损失增加;但黏度增加使泄漏减少,总的来说使扬程 H、流量 Q 及效率 η 下降。

黏度增加使轮阻损失增加,故使轴功率增加。一般输送黏性液体时,希望选取比转数较大的离心泵。

输送不同黏度液体时,泵的性能换算方法不同,泵制造厂一般提供的均为 20 ℃时清水的性能曲线,当输送液体的运动黏度大于 2×10^{-5} m/s 时,泵的扬程 H、流量 Q、效率 η 开始下降,此时须知道泵输送黏性液体时的性能曲线。将水的性能曲线换算成黏性液体的性能曲线时,因动力相似不满足,故不能用相似原理的方法,只能用总结实验数据的方法来修正。下面介绍两种常用的方法。

(1)苏联国家石油机械设计院的换算方法。

当已知输送清水的性能参数为 Q_w, H_w, η_w, $(NPSHr)_w$ 时,可根据下列关系换算成输送黏性液体时的性能参数:

$$Q_v = K_Q Q_w, \quad H_v = K_H H_w, \quad \eta_v = K_\eta \eta_w$$
$$(NPSHr)_v = K_{\Delta h}(NPSHr)_w, \quad N_v = \rho_v g \, Q_v H_v / 1000 \tag{1-18}$$

式中,K_Q, K_H, K_η, $K_{\Delta h}$ ——流量、扬程、效率、汽蚀余量的换算系数;

ρ_v ——黏性液体的密度。

以上公式的这种换算方法有下列特点:

① 适用于离心式蜗壳泵,特别是大型离心泵,换算时较精确;

② 图表是在流量为零、扬程不变及设计工况下比转数不变的前提下得出的;

③ 此方法修正系数全面,有 NPSHr 的修正,但必须知道叶轮的尺寸,且非设计工况下换算时,仍须按设计工况下的修正系数修正。

（2）美国水力学会的换算方法。

用此法换算时，对应的换算关系如上式，只不过修正系数所用图表不同，且没有 NPSHr 的修正。

美国水力学会的换算方法的特点如下：

① 适用场合为均一性液体、未发生汽蚀时的离心泵，对非均一性液体及混流泵、轴流泵不适用；

② 只需知道 H，Q 就可换算；

③ 换算范围广，不同工况时扬程系数不同，但图表不能外延，且没有汽蚀余量的修正。

离心泵输送黏性液体时，动力不一定相似，故不能用比例定律换算黏性液体不同转速时的性能，必须利用输送水的特性曲线，进行不同转速下的性能换算后，再将所需转速下的特性曲线换算成黏性液体的性能。

输送黏性液体的泵设计或选型时，可将对黏性液体泵的要求换算成对水泵的要求，进行水泵的设计或选型。当从黏液体的性能换算成对水的性能时，须用试差法找修正系数。

十、离心泵的型号标志

我国离心泵的型号大致由三部分组成，如图 1-45 所示。

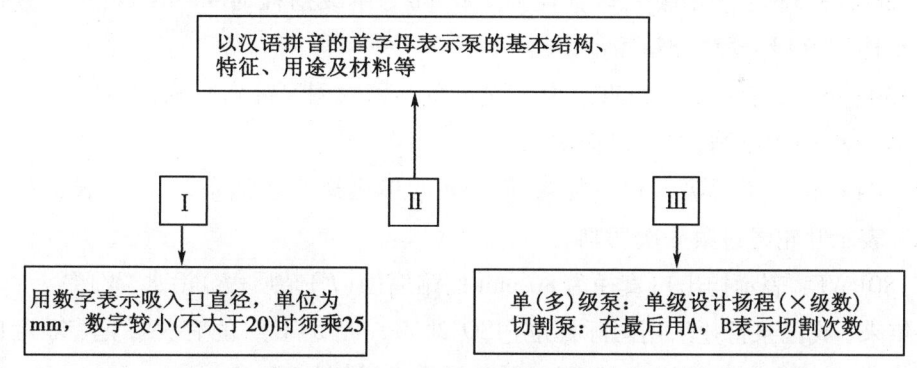

图 1-45　泵的型号标志

离心泵型号中第一部分通常是以单位"mm"的数字表示的吸入口直径。但大部分老产品用"英寸"表示，即以"mm"表示的吸入口直径被 25 除后的整数值。第二部分是以汉语拼音的首字母表示的泵的基本结构、特征、用途及材料等，泵的形式及形式代号如表 1-2 所列。第三部分一般用数字表示泵的参数，这些数字对过去和大多数老产品是表示该泵的比转数被 10 除后的整数值，而目前表示以"m（水柱）"为单位的泵的扬程及级数。有时泵的型号尾部后还带有字母 A 或 B，这是泵的改型产品标志，表示在泵中装的是切割过的叶轮。

表1-2 泵的形式及形式代号

泵的形式	形式代号	泵的形式	形式代号
单级单吸离心水泵	IS,IB	卧式凝结水泵	NB
单级双吸离心水泵	S,SH	立式凝结水泵	NL
分段式多级离心泵	D,DA	立式筒袋型离心凝结水泵	LDTN
分段式多级离心泵(首级为双吸)	DS	卧式疏水泵	NW
分段式多级锅炉给水泵	DG	单级离心油泵	Y
卧式圆筒形双壳体多级离心泵	YG	筒式离心油泵	YT
多级离心式油泵	YD	单级单吸卧式离心灰渣泵	PH
中开式多级离心泵(首级为双吸)	DKS	长轴离心深井泵	JC
热水循环泵	R	单级单吸耐腐蚀离心泵	IH
屏蔽式离心泵	P	自吸式离心泵	Z
旋涡离心泵	WX	一般旋涡泵	W
耐腐蚀液下式离心泵	FY	耐腐蚀泵	F
离心式管道油泵	YG	多级立式筒形离心泵	DL
单级单吸悬臂式离心清水泵	B,BA	多级前置泵(离心泵)	DQ

现将型号表示方法举例如下。

(1)2B13A：这是老产品，表示吸入口直径为50 mm(流量为12.5 m³/h)，扬程为31 m(水柱)，同型号叶轮外径经第一次切割的单级单吸悬臂式离心泵。

(2)200D-43×9：表示吸入口直径为200 mm，单级扬程为43 m(水柱)，总扬程为387 m(水柱)，9级分段式离心清水泵。

(3)50F-63A：表示吸入口直径为50 mm的悬臂式耐腐蚀离心泵，"63"表示单级扬程值，"A"表示叶轮经过第一次切割。

(4)50Y-60A：表示吸入口直径为50 mm的单级离心式油泵，"60"表示单级扬程值，"A"表示叶轮经过第一次切割。

(5)80PWF：表示排出口直径为80 mm的耐腐蚀(F)杂质(P)污水(W)泵。

近年来，我国泵行业采用国际标准[ISO 2858—1975(E)]的有关标记、额定性能参数和系列尺寸，设计制造了新型号泵。其型号意义举例如下：

(1)IS80-65-160：表示单级单吸悬臂式清水离心泵，吸入口直径80 mm，排出口直径65 mm，叶轮名义直径160 mm；适用于输送清水或物理及化学性质类似于清水的其他液体，温度不高于80 ℃。

(2)IH50-32-160：表示单级单吸悬臂式化工离心泵，吸入口直径50 mm，排出口直径32 mm，叶轮名义直径160 mm；适用于输送温度在-20~105 ℃的腐蚀性介质或物理及化学性质类似于清水的其他介质。

任务四　离心泵的汽蚀及预防

一、离心泵的汽蚀现象

1. 汽蚀现象及其产生原因

泵内液体汽化，气泡形成和破裂的过程中使叶轮材料受到损坏的现象称为汽蚀现象。

汽蚀现象的产生有三个方面的原因：① 离心泵的安装高度太高；② 被输送流体的温度太高，液体蒸气压过高；③ 吸入管路的阻力或压头损失太高。

2. 汽蚀发生的机理

离心泵运转时，流体的压力随着从泵入口到叶轮入口而下降。在叶片附近，液体压力最低。当叶轮叶片入口附近压力小于或等于液体输送温度下的饱和蒸气压力时，液体就汽化。同时，还可能有溶解在液体内的气体溢出，它们形成许多气泡。当气泡随液体流到叶道内压力较高处时，外面的液体压力高于气泡内的汽化压力，则气泡会凝结溃灭形成空穴。瞬间，周围的液体以极高的速度向空穴冲来，造成液体互相撞击，使局部的压力剧增（有的可达数百个大气压）。

从离心泵的工作原理可知，叶轮中心处低压区的形成是液体被吸入叶轮的先决条件。在一定范围内，叶轮中心处与吸入罐之间的压差越大，流体越容易被吸入。但液体的形态是随温度和压力不同而转化的，如水在 20 ℃，2.4×10^3 Pa 时要汽化。一般情况下，温度一定时，压力越低，液体越容易汽化；压力一定时，温度越高，液体越容易汽化。因此，在离心泵的工作过程中，如果叶轮中心处的压力低于液体在输送温度下的汽化压力（P_t），液体就要发生汽化，从而产生汽蚀。

气泡不仅阻碍流体的正常流动，更为严重的是，如果这些气泡在叶轮壁面附近溃灭，则液体就像无数小弹头一样，连续地打击金属表面，其撞击频率很高（有的可达 2000～3000 Hz），金属表面会因冲击疲劳而剥裂。若气泡内夹杂某些活性气体（如氧气等），它们借助气泡凝结时放出的能量（局部温度可达 200～300 ℃），还会形成热电偶并产生电解，对金属起电化学腐蚀作用，更加速了金属剥蚀的破坏速度。上述这种液体汽化、凝结、冲击形成高压、高温、高频率的冲击载荷，造成金属材料的机械剥裂与电化学腐蚀破坏的综合现象称为汽蚀。汽蚀现象如图 1-46 所示。

造成叶轮进口处的压力过分降低的原因可能有：吸入高度过高；所输送的液体温度过高；气压太低；泵内流道设计不完善而引起液流速度过大；等等。

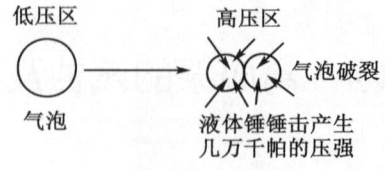
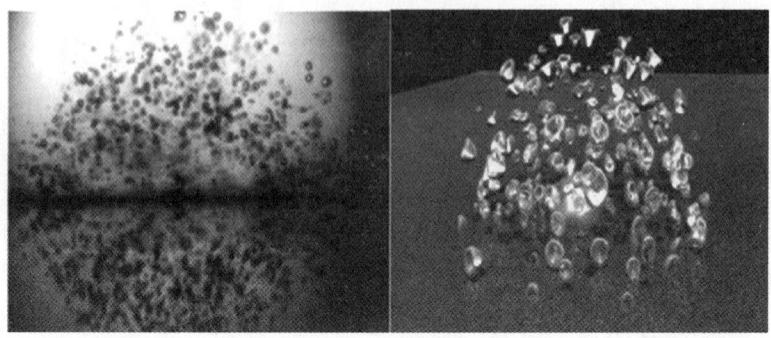

图 1-46 汽蚀现象

3. 汽蚀的后果

(1)汽蚀可使过流部件被剥蚀破坏。通常,离心泵受汽蚀破坏的部位,先在叶片入口附近,继而延至叶轮出口。起初是金属表面出现麻点,继而表面呈现槽沟状、蜂窝状、鱼鳞状的裂痕,严重时造成叶片或叶轮前后盖板穿孔,甚至叶轮破裂,导致严重事故,如图 1-47。因而汽蚀会严重影响泵的安全运行和使用寿命。

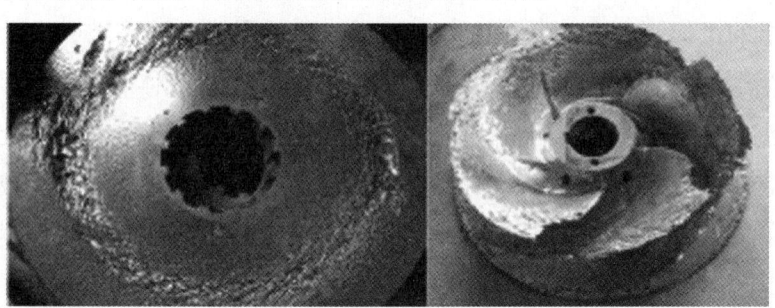

图 1-47 发生汽蚀现象的叶轮

(2)汽蚀使泵的性能下降,使叶轮和流体之间的能量转换遭到严重的干扰,严重时会使液流中断、泵无法工作。

工程上规定,当泵的扬程下降3%时,认为其进入了汽蚀状态。

4. 离心泵产生汽蚀的处理方式

(1)被输送的介质温度过高:降低输送介质的温度。

(2)吸入液位过低(压力低)或泵安装高度过高:增加吸入液位高度(压力)或降低泵安装高度,即泵的安装高度不能超过泵的最大允许吸入安装高度。

如图 1-48 所示,离心泵的最大允许吸入安装高度的计算公式如下:

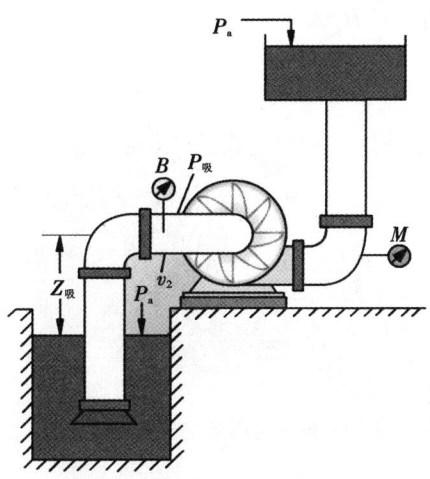

图 1-48 离心泵工作原理示意图

$$Z_{吸max} = \frac{p_a - p_t}{\gamma} - h_{吸} - \Delta h_{许} \tag{1-19}$$

式中，$\Delta h_{许}$——允许汽蚀余量，一般在离心泵的特性曲线中给出；

p_a——吸入液面的压力，一般为大气压；

p_t——液体的汽化压力；

γ——液体的密度；

$h_{吸}$——吸入管的阻力损失，一般用水力学公式计算。

(3) 吸入管路上的阻力太大：找出增大管道阻力的因素，如堵塞、过滤器选型不合适、管道设计不合理等，逐一更改。

(4) 吸入管道密封不好或空气进入：增大进口管径，减少出口用户用量。

(5) 进口流量不足，出口流量过大：增大进口管径，减少出口用户用量。

二、离心泵的安装高度（允许汽蚀余量法）

1. 允许汽蚀余量

允许汽蚀余量是指为防止汽蚀现象发生，在离心泵入口处液体的静压头与动压头之和必须比操作温度下的液体饱和蒸气压头 $\frac{p_v}{\rho g}$ 高出某一最小值，即

$$\Delta h = \frac{p_1}{\rho g} + \frac{u_1^2}{2g} - \frac{p_v}{\rho g} \geqslant \Delta h_c \tag{1-20}$$

汽蚀余量 Δh 仅与离心泵的结构和尺寸有关。Δh 随 Q 增大而增大，因此在计算允许安装高度时应取高流量下的 Δh 值。Δh 值越小，抗汽蚀能力越强。

2. 离心泵的允许安装高度（允许吸上高度）

离心泵的允许安装高度又称为允许吸上高度，是指泵的吸入口与吸入贮槽液面间实

际允许达到的最大垂直距离，以 H_g 表示。

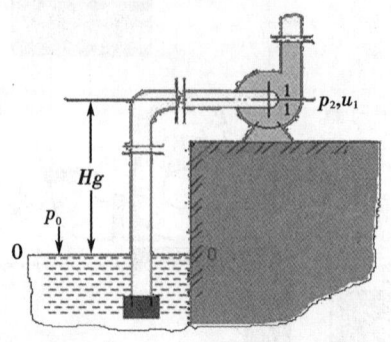

图 1-49　离心泵的吸液示意图

在图 1-49 中，由贮槽液面与泵入口处两截面间列伯努利方程式可得

$$0 + \frac{p_0}{\rho g} + 0 + 0 = H_g + \frac{p_1}{\rho g} + \frac{u_1^2}{2g} + H_{f,0-1} \tag{1-21}$$

整理得

$$H_g = \frac{p_0 - p_1}{\rho g} - \frac{u_1^2}{2g} - H_{f,0-1}，或 H_g = \frac{p_a - p_1}{\rho g} - \frac{u_1^2}{2g} - H_{f,0-1} \tag{1-22}$$

式(1-22)即离心泵允许安装高度方程。

依据定义 $\Delta h = \frac{p_1}{\rho g} + \frac{u_1^2}{2g} - \frac{p_v}{\rho g}$，显然 $\Delta h = \frac{u_k^2}{2g} + H_{f,1-k}$；由离心泵允许安装高度方程，又可得到

$$H_g = \frac{p_0 - p_1}{\rho g} - \frac{u_1^2}{2g} - H_{f,0-1} = \frac{p_0}{\rho g} - \left(\frac{p_1}{\rho g} + \frac{u_1^2}{2g} - \frac{p_v}{\rho g}\right) - \frac{p_v}{\rho g} - H_{f,0-1} \tag{1-23}$$

即

$$H_g = \frac{p_0}{\rho g} - \Delta h - \frac{p_v}{\rho g} - H_{f,0-1} \tag{1-24}$$

可见，u_1 一定，p_0 一定，p_1 减小，则 H_g 增大，即向上吸液高度越大；当 $p_1 \leqslant p_v$ 时，产生汽蚀现象。

3. 实际安装高度

为了安全起见，离心泵实际安装高度应比计算出的 H_g 小 0.5~1.0 m。

注意：

① 当允许安装高度为负值时，离心泵的吸入口应低于贮槽液面。

② 离心泵的安装高度不是任意的，而是受流体输送温度、管道特性及流体性质的影响。

③ 允许安装高度 H_g 的大小与泵的流量有关，流量越大，计算出的 H_g 越小。因此用

可能使用的最大流量来计算 H_g 是最保险的。

④ 安装泵时，实际安装高度比允许安装高度要小 0.5~1.0 m。

⑤ 当液体的操作温度较高或沸点较低时，应注意尽量减小吸入管路的压头损失，如可以选用较大的吸入管径，应减少管件、阀门、拐弯，缩短吸入管长度，等等；或将离心泵安装在贮槽液面以下，使液体利用位差自动流入泵体内。

例题分析

型号为 IS65-40-200 的离心泵，转速为 2900 r/min，流量为 25 m³/h，扬程为 50 m，必须汽蚀余量为 2.0 m，用来将敞口水池中 50 ℃的水送出。已知吸入管路的总阻力损失为 2 m（水柱），当地大气压强为 100 kPa，50 ℃水的饱和蒸气压为 12.34 kPa，水的密度为 998.1 kg/m³，求泵的安装高度。

$$H_g = \frac{p_0}{\rho g} - \frac{p_v}{\rho g} - \Delta h - \sum H_{f,0-1} = \frac{100 \times 1000 - 12.34 \times 1000}{988.1 \times 9.81} - 2.0 - 2 = 5.04 \text{ m}$$

因此，泵的安装高度不应高于 5.04 m。

任务五　离心泵的装置特性及工况调节

一、离心泵的装置特性

离心泵必须与管路组成一个系统才能实现液体的输送。这个系统的特性称作离心泵的装置特性。离心泵在不同的工作条件下有不同的装置特性。

泵在最高效率点条件下操作最为经济、合理，但实际上泵往往不可能正好在该条件下运转，一般只能规定一个工作范围，称为泵的高效率区。高效率区的效率应不低于最高效率的 92%。

必须要强调的是，泵在铭牌上所标明的都是最高效率点下的流量、压头和功率。离心泵产品目录和说明书上还常常注明最高效率区的流量、压头和功率的范围等，如表 1-3 所列。

表 1-3　某单级双吸离心泵铭牌

型号	KQS	出厂编号	S5080202
流量	4356 m³/h	扬程	66.2 m
配用功率	1000 kW	转速	990 r/min

二、离心泵的工况点与流量调节

1. 管路特性曲线

离心泵在运行时的流量、扬程不仅与泵的性能曲线有关，还与管路的特性有关。在特定管路系统及固定的操作条件下,流体流经该管路时所需的压头与流量的关系可在坐标图上表示出来,称为管路特性曲线。

其计算公式如下:

$$h = \sum \left(\left(\lambda \frac{L}{D} + \xi \right) \frac{8Q^2}{\pi^2 D^4 g} \right) = AQ^2 \tag{1-25}$$

由此可见,液体在管路中的阻力损失与流量的平方成正比。如图 1-50 所示,管路特性曲线是一条抛物线。

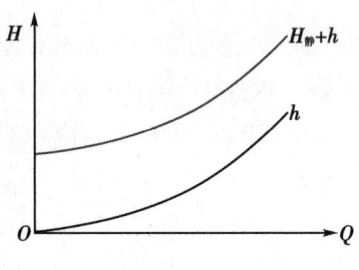

图 1-50 管路特性曲线

2. 离心泵工况点的确定

管路特性曲线由管路布局和操作条件决定,与泵的性能无关。图 1-53 为特定管路对应的管路特性曲线和离心泵特性曲线,当泵安装在管路中运行时,通过泵的流量与管路系统内的流量相同,泵的扬程与管路所需的能量也应相同,即 $H=L$。这样离心泵的工况点就是 $L\text{-}Q$ 曲线与 $H\text{-}Q$ 曲线的交点,即图 1-51 中的工作点。

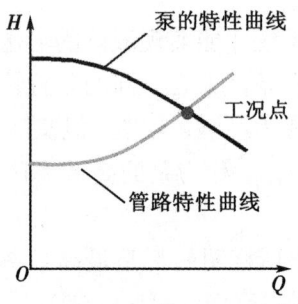

图 1-51 离心泵工作点的确定

3. 泵运转工况的调节

离心泵在指定的管路中工作时,由于生产任务发生变化,出现泵的工作流量与生产要求不相适应,或已选好的离心泵在特定的管路中运转时所提供的流量不一定符合输送任务的要求等问题。此时,就需要对离心泵的流量进行调节。

(1)改变阀门开度。即调节排出管路上排出阀门的开度,改变管路中的局部阻力,使管路特性曲线的变化斜率发生变化,使工况点发生变化。

图 1-52 为出口调节特性曲线变化图。由图 1-52(a)中可看出,当排出阀门全开时,

管路特性曲线为$(h\text{-}Q')_1$，与泵特性曲线$(H\text{-}Q)$的交点为A_1，对应的流量是Q_1。随着阀门逐渐关小，管路特性曲线相应变陡，设变为$(h\text{-}Q')_2$，其与泵性能曲线的交点变为A_2，流量相应减小为Q_2。

一般，在离心泵的前后都安装有调节阀，可以通过改变离心泵出口阀门开度的方法调节它的流量。

采用阀门调节流量快速、简便，且流量可以连续变化，适合化工连续生产的特点，因此应用十分广泛。

采用改变阀门开度调节流量，在保证特定曲线不变的前提下可改变工况点。缺点是当阀门关小时，因流体阻力加大，需要额外多消耗一部分能量，而且流量减小，离心泵的效率往往处在低效区，因此经济性差。例如在管路特性$(h\text{-}Q')_2$的条件下，阀门的节流调节损失为$(H_2\text{-}H_{2\text{-}1})$。

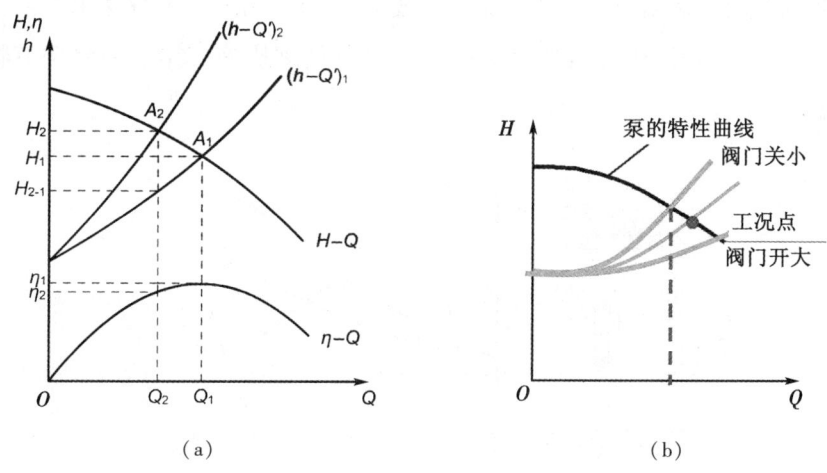

图1-52　出口调节特性曲线变化图

(2)改变泵的转速。由相似理论可知，只要能够改变离心泵的运转速度，就可以得到不同的泵性能，从而使工况的点发生变化，如图1-53所示。

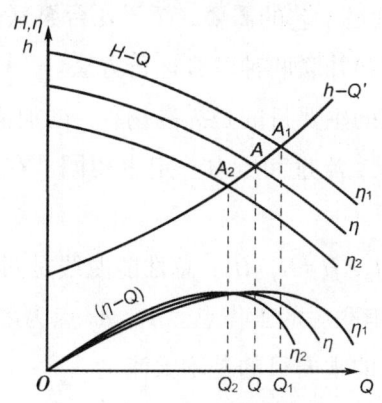

图1-53　转速调节特性曲线变化图

这种调节方法不造成能量损失，调节效率较高，缺点是需要改变转速的动力机（如直流电动机、燃气轮机、内燃机等）。对于当前普遍采用的异步电动机驱动的离心泵装置，要实现调速，一是可以采用中间传动装置（如液力耦合器、电磁离合器等），二是采用变频调速装置对电动机直接调速。

泵的转速越低、流量越小，动力消耗也相应降低，因此从节能角度看此方法是比较合理的。但是要改变泵的转速，就需要使用变速装置，而且难以做到流量的连续调节，因此至今化工生产较少采用此法。

（3）减小叶轮直径。减少叶轮的直径可以减小泵的流量，但是可调节的范围不大，而且直径减小不当还会降低泵的效率，故工业上很少采用此方法。

（4）旁路调节。在泵的排出管路上安装带有阀门的旁通管路，当打开旁通阀门使部分液体流回吸入池时，就相当于使离心泵在分支管路上工作。这种方法也要白白浪费回流液体的能量，在实际工作中，往往作为降压的紧急处理措施使用。旁路调节特性曲线如图1-54所示。

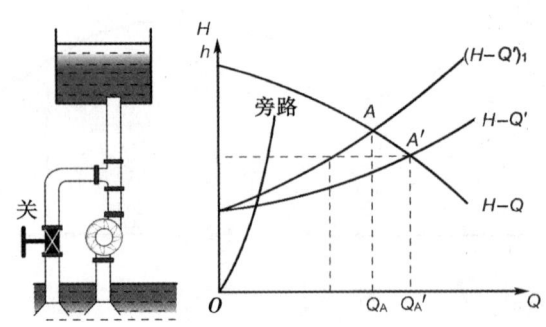

图1-54　旁路调节特性曲线变化图

4. 离心泵的串并联

生产中往往一台泵不能满足工艺的需要，而要几台泵联合运行。根据生产实际对流量、扬程的不同要求，有串联和并联两种联合运行方法。

（1）离心泵的串联。串联的主要目的是提高扬程，增加输送距离。

设两台型号相同的离心泵，流量和压力一定也相同。在同一流量下，两台泵的压头是一台泵的两倍。

两台泵串联时，$Q=Q_1=Q_2$，$H=H_1+H_2$；总性能曲线是两台泵性能曲线的叠加。

如图1-55所示，A点为串联后的工作点。A_1，A_2点为串联工作时单泵的工况点。

（2）离心泵的并联。并联的主要目的是增大流量。

① 两台性能不相同的离心泵并联，$H=H_1=H_2$，$Q=Q_1+Q_2$。

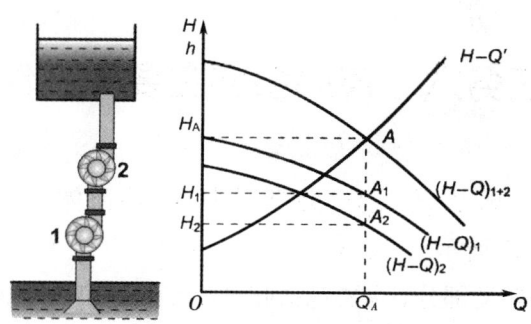

图 1-55 串联特性曲线变化图

并联后的总性能曲线 $(H\text{-}Q)_{1+2}$ 为同扬程下两泵流量叠加的结果,如图 1-56 所示。自 A 点引水平线,与两台泵的特性曲线分别交于 A_1, A_2 点,就是每台泵的工况点。如果每台泵各自单独在该管路中工作,则工况点分别为 A_1', A_2'。

当两台性能不同的泵并联工作时,其最高扬程限制在低扬程泵的范围内。

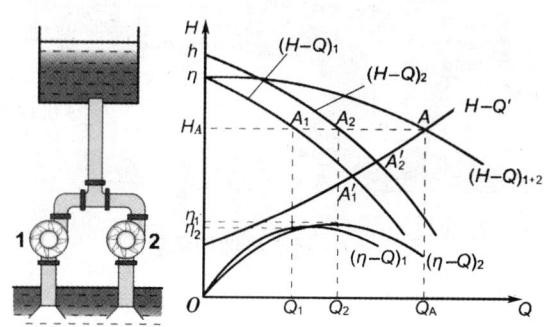

图 1-56 并联特性曲线变化图

② 两台性能相同的离心泵并联,其总性能曲线也是同扬程下两泵流量叠加的结果。由于曲线重合,实际上只需在给定的泵性能曲线上取若干点做水平线,将其流量增加一倍,按照这些新的点就可以得到两台泵并联后的总性能曲线。并联后的总性能曲线与管路特性曲线的交点为总的工况点。

可以看出,两台泵并联工作时,A 点的总流量大于单台泵工作时 A_1 或 A_2 点的流量。同样,泵并联工作时的扬程也比单台泵的高。泵并联工作的主要目的是增加流量,而并不希望扬程增加过大。泵的性能曲线越陡降,管路特性曲线越平坦,越容易达到这个目的。但并联工作泵的台数越多,增加流量的效果越不明显。

任务六 离心泵的主要零部件

离心泵的品种、结构繁多，但主要部件基本相同，有泵体、叶轮、泵轴、轴封、轴承箱、联轴器等，如图1-57所示。

转子是指离心泵的转动部分，主要包括叶轮、泵轴、轴套、轴承等，如图1-58所示。

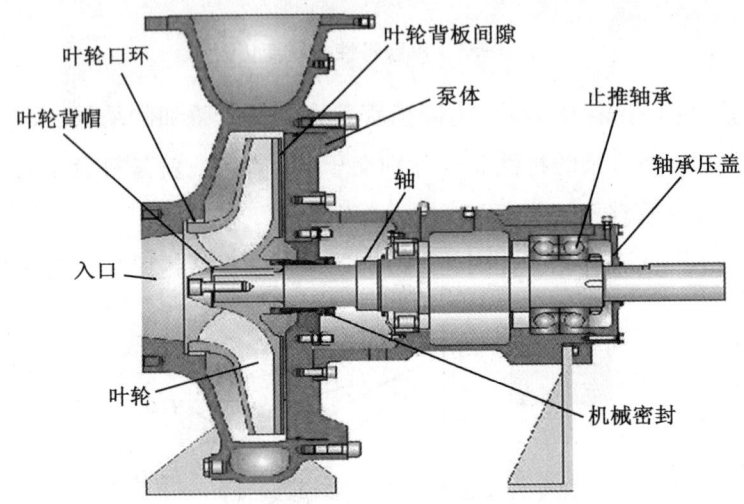

图1-57 离心泵结构示意图

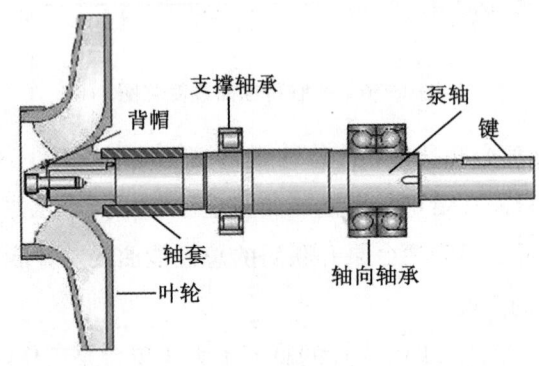

图1-58 离心泵的转动部分示意图

一、叶轮

叶轮是离心泵中唯一对液体做功的元件，是离心泵的一个重要零件，也是一个易损件。叶轮的尺寸、形状和制造精度对泵的性能有很大影响。叶轮由轮毂、前盖板、后盖板（又称轮盘）等组成，液体就在前、后盖板及叶片所围成的通道内流动。它可按照需要由铸铁、铸钢、铜及其他材料制成。叶轮如图 1-59 所示。

图 1-59　叶轮

1. 叶轮的类型

根据结构的不同，可将叶轮分为闭式叶轮、开式叶轮和半闭式叶轮。

（1）闭式叶轮。两边都有盖板，两盖板间有数片后弯式叶片，形成封闭流道。这种叶轮效率较高，应用最多，适用于输送不含杂质的清洁液体，一般的离心泵叶轮多为此类。闭式叶轮又可分为单吸、双吸两种。闭式叶轮有口环密封，故泄漏量少，效率也高。双吸式泵适用于大流量场合，但制造复杂。

（2）半开式叶轮。靠吸入口侧没有盖板，另一边有盖板，适用于输送易沉淀或含有颗粒的物料，效率也较低。

（3）开式叶轮。在叶片两侧无盖板，制造简单，清洗方便，效率低，适用于输送污水、含泥沙及纤维或含有较大量悬浮物的物料，输送的液体压力不高。

离心泵叶轮叶片的形式有两种：圆柱形和扭曲形。一般低比转数泵用圆柱形叶片，高比转数泵用扭曲形叶片；比转数在 90~150 时，入口处用扭曲形叶片，出口处用圆柱形叶片。离心泵叶轮如图 1-60 所示。

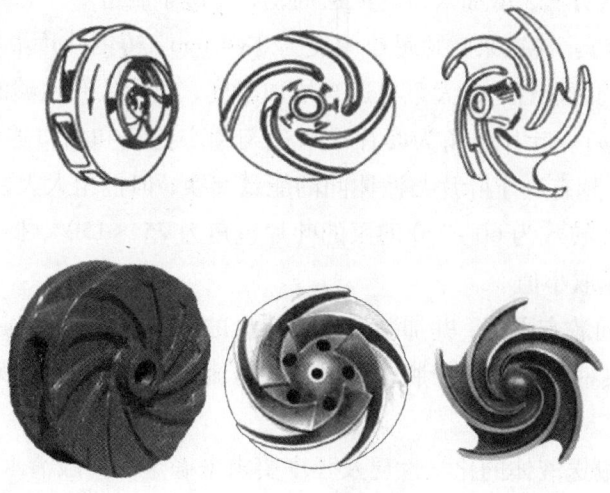

图 1-60　离心泵叶轮

此外，还可根据吸液方式将叶轮分为单吸式叶轮和双吸式叶轮，如图1-61所示。图1-61(a)是单吸式叶轮，图1-61(b)是双吸式叶轮。显然，双吸式叶轮消除了轴向推力，具有相对较大的吸液能力。

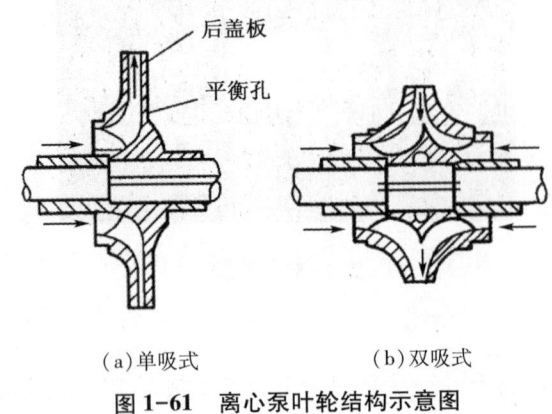

(a)单吸式　　　　　(b)双吸式

图1-61　离心泵叶轮结构示意图

2. 离心泵叶轮的主要结构参数

(1)叶轮进、出口处的安装角。出口安装角对叶轮扬程有较大的影响，一般取$16°\sim40°$，常用的是$20°\sim30°$。而进口安装角对泵的冲击损失及泵的汽蚀性能有较大的影响，一般取下冲角$\Delta\beta=\beta_{A_1}-\beta_1=3°\sim10°$。

(2)叶片数目(Z)。离心泵的叶片数为$6\sim12$片，常用的为$6\sim8$片。适当增加叶片数可促使液体沿叶道流动，提高泵的扬程；但叶片数过多，也会增加液体的水力损失，使流通面积减少，流速增加，NPSHr增加，扬程曲线出现驼峰状，效率降低。如果叶片数取得过少，则液体的导流作用减小，泵的扬程也减小。对输送杂质的开式叶轮，叶片数可取$2\sim4$片。

对比转数较小的泵，其流道较窄，可加宽流道并堵塞其中几个流道，减少有效叶片数或采用长短叶片的方法，增加入口的流道面积，也便于制造。

(3)叶片厚度(δ)。铸铁泵叶片最小厚度为$3\sim4$ mm，铸钢叶片最小厚度为$5\sim6$ mm。对小泵要考虑铸造的可能性，对大泵可适当增加厚度，使叶片有足够的刚度。

(4)叶片包角(φ)。叶片包角为叶片入口边与圆心连线和出口连线的夹角。包角越大，叶片流道越长，越有利于叶片与液体间的能量交换；但包角太大，摩擦损失增加，铸造工艺性差。一般比转数为$60\sim220$的泵的叶片包角为$75°\sim150°$，低比转数泵叶轮取大值，高比转数泵叶轮取小值。

在叶轮与轴之间装有平键，并加装螺母。螺母的旋转方向必须与叶轮的旋转方向相反，以保证叶轮旋转时螺母不会松脱。螺母最好是流线型的，以减少水流阻力。

3. 叶轮的材料

叶轮的材料由输送液体的化学性质及强度要求来确定。一般清水泵的叶轮由铸铁或铸钢制造，输送腐蚀性液体时，可用青铜、不锈钢、陶瓷、耐酸硅铁及塑料等材料制成。

二、泵过流部分的固定元件

1. 压出室

压出室的作用是以最小的损失将离心泵叶轮中流出来的高速液体的一部分动能转变成静压能,并将液体收集起来,引向次级叶轮或出口。压出室不仅对叶轮的性能有影响,如果其与叶轮匹配不良,还会导致泵的振动,使泵无法工作。常见的压出室有螺旋形压出室(如图 1-62 所示)及径向导叶轮(如图 1-63)。二者均是把动能转化为静压能的零件,前者为不对称结构,在非设计流量下会产生径向力,但制造方便,性能曲线的高效区较宽,同时能够把液体引出泵外,叶轮车削后的效率变化小;后者为对称的圆盘形,外形尺寸小,但效率低(偏离设计工况点时),多用于分段式泵上。

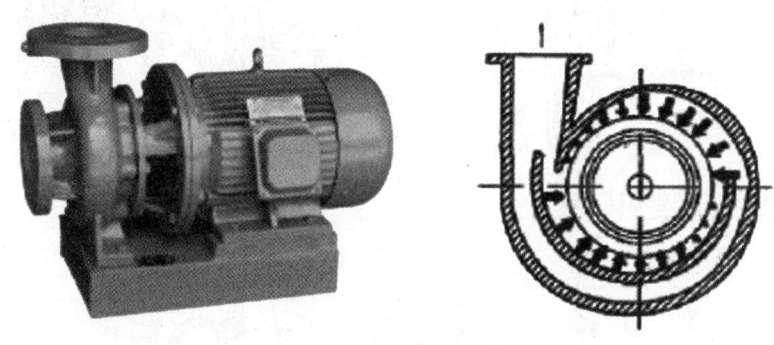

图 1-62 螺旋形压出室

图 1-63 径向导叶轮

2. 吸入室

吸入室的作用是将吸入管中的液体以最小的损失均匀地引向叶轮。它对液体进入叶轮的流动及汽蚀性能有很大的影响。吸入室一般有以下三种形式。

(1) 锥形吸入室。如图 1-64(a) 所示,其结构简单、制造方便,因截面收缩,能使液体进入叶轮前产生较大的加速度,且流速均匀、水力损失小,一般用于单级悬臂式结构;

锥度一般为 7°~18°。

（2）圆环形吸入室。如图 1-64(b)所示，其优点是结构简单、轴向尺寸较短，但液流进入叶轮前分布不太均匀，有冲击和旋涡损失，主要用于分段式离心泵中，因多级泵的扬程高，吸入室的水力损失所占比例不大。

（3）半螺旋形吸入室。如图 1-64(c)所示，优点是液体进入叶轮时的速度比较均匀，但有预旋，使泵的扬程下降，对比转数较大的泵影响较大，需要适当增加叶轮直径来抵消由旋涡引起的扬程降低，主要用于蜗壳式多级泵中。

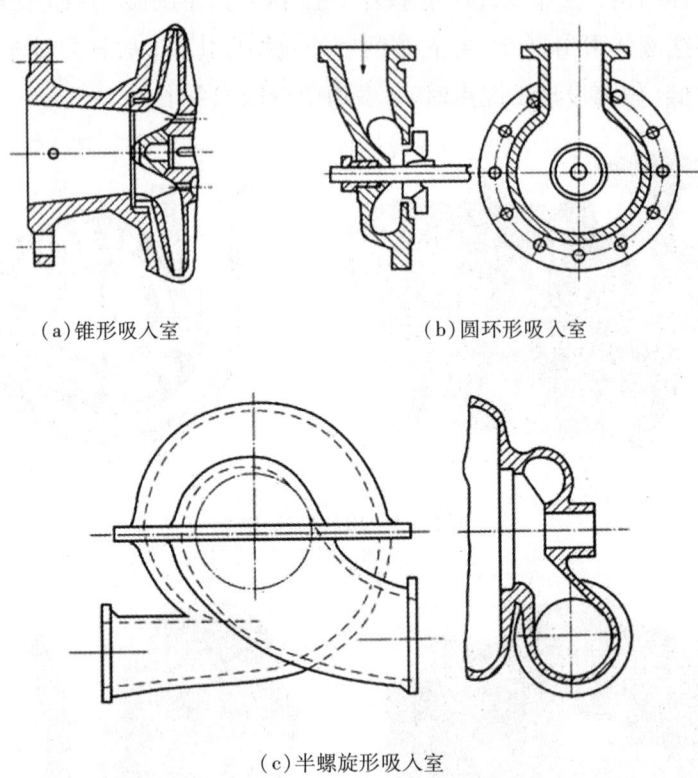

(a) 锥形吸入室　　　　　　(b) 圆环形吸入室

(c) 半螺旋形吸入室

图 1-64　离心泵吸入室

三、轴向力及其平衡

离心泵在运行过程中由于进口、出口压力的不同，以及流体在泵的进口、出口的运动状态发生变化等因素，在离心泵转子上产生不同方向和大小的轴向力，这些轴向力的合力会使离心泵的转子在其轴向窜动。这种窜动的后果是严重的，会使泵的转子与固定零件接触产生摩擦，还会增加轴承的负荷，导致机组振动、发热甚至造成泵零件的损坏以致不能工作。因此必须消除或平衡掉这些轴向力，使泵可以正常稳定地工作，保证离心泵的工作寿命。

离心泵的叶轮上要产生始终指向泵的吸入口的轴向力。离心泵轴向力示意图如图 1-65 所示。

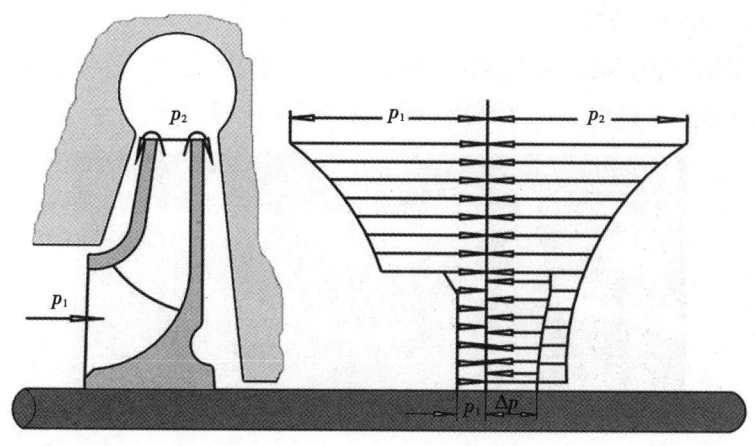

图 1-65 离心泵轴向力示意图

1. 单级离心泵轴向力的平衡

(1)叶轮上开平衡孔。如图 1-66(a)所示,可使叶轮两侧的压力基本得到平衡。但由于液体通过平衡孔有一定阻力,所以仍有少部分轴向力不能完全平衡,并且会使泵的效率有所降低。这种方法的主要优点是结构简单,多用于小型离心泵。在泵的叶轮后盖板靠近轴孔处钻有几个小孔(每个叶片间一个)或设连通管与吸入口相通,用以平衡轴向力。

(2)泵体上装平衡管。如图 1-66(b)所示,将叶轮背面的液体通过平衡管与泵入口处液体连通来平衡轴向力。这种方法比开平衡孔优越,它不干扰泵入口液体流动,效率相对较高。

(3)增加平衡叶片。如图 1-66(c)所示。在叶轮轮盘的背面装有若干径向叶片。当叶轮旋转时,它可以推动液体旋转,使叶轮背面靠叶轮中心部分的液体压力下降。下降的程度与叶片的尺寸及叶片与泵壳的间隙大小有关。此法的优点是除了可以减小轴向力以外,还可以减少轴封的负荷;对输送含固体颗粒的液体,则可以防止悬浮的固体颗粒进入轴封。但对易与空气混合而燃烧爆炸的液体,不宜采用此法。

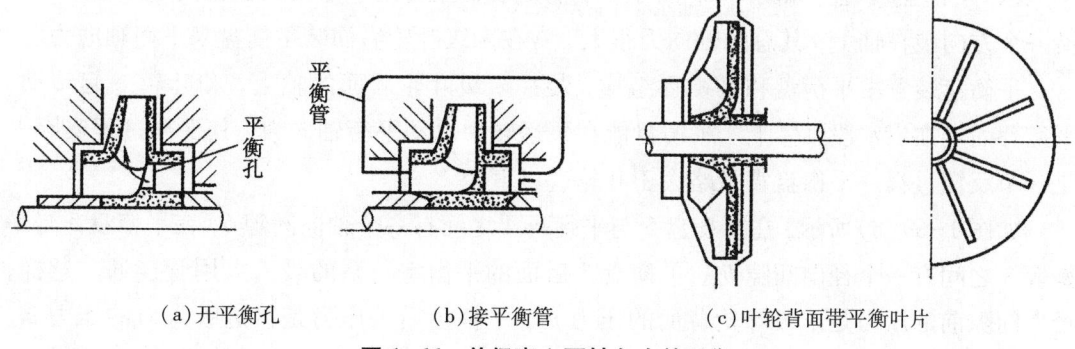

(a)开平衡孔　　　　　(b)接平衡管　　　　(c)叶轮背面带平衡叶片

图 1-66 单级离心泵轴向力的平衡

2. 多级离心泵轴向力的平衡

多级离心泵轴向力是各级叶轮轴向力的叠加，其数值很大，不可能完全由轴承来承受，必须采取有效的平衡措施。多级离心泵结构如图1-67所示。

图1-67 多级离心泵结构示意图

(1) 叶轮的对称排列。如图1-68所示，叶轮对称布置将离心泵的每两个叶轮以相反方向对称地安装在同一个泵轴上，使每两个叶轮所产生的轴向力互相抵消。这种方案流道复杂，造价较高。当级数较多时，由于各级泄漏情况不同和各级叶轮轮毂直径不同，轴向力也不能完全平衡，往往还需采用辅助平衡装置。叶轮的对称排列主要用于中开式多级离心泵。

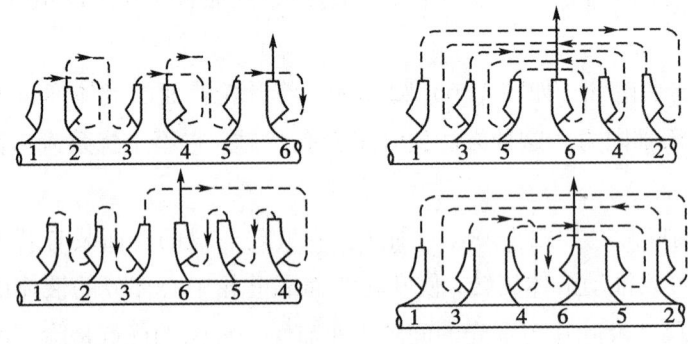

图1-68 叶轮的对称排列

(2) 平衡盘装置。如图1-69所示，平衡盘装置主要用于分段式多级离心泵，因叶轮沿一个方向装在轴上，其总的轴向力很大，常在末级叶轮后面装平衡盘来平衡轴向力。

平衡盘装置由平衡盘和平衡环组成，装在末级叶轮后面的轴上，和叶轮一起转动；平衡环固定在出水段泵体上。平衡盘能在泵运转中自动平衡轴向力，其平衡过程实际上是一个反馈过程。平衡盘直径略大于叶轮进口直径。

如图1-69(b)所示，在平衡盘5与平衡环4之间有一个轴向间隙b，在平衡盘5与平衡套3之间有一个径向间隙b_0，平衡盘5后面的平衡室与泵的吸入口用管连通。这样，径向间隙前的压力是末级叶轮背面的压力p_2，平衡盘后的压力是接近吸入口的压力p_1。泵启动后由多级泵末级叶轮流出来的高压液体流过径向间隙b_0，压力下降到p'，由于压

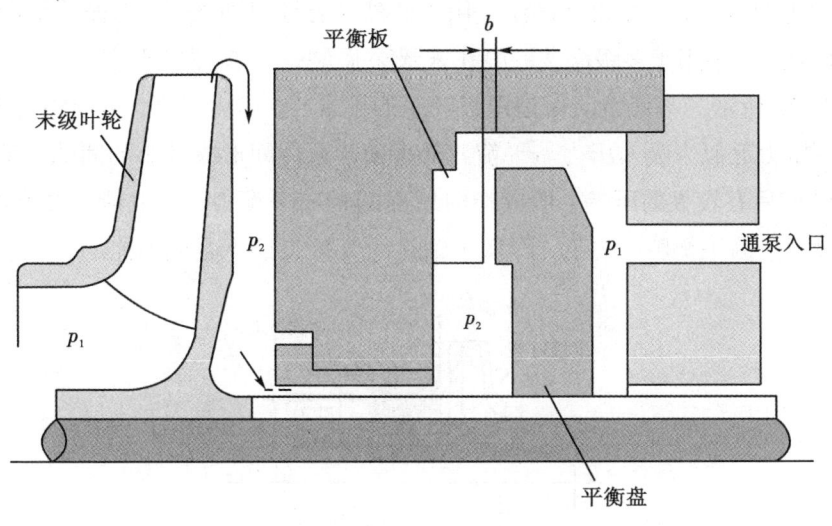

(a)

(b)

图 1-69 分段式多级离心泵平衡盘装置示意图

1—末级叶轮；2—尾段；3—平衡套；4—平衡环；5—平衡盘；6—接吸入口的管孔

力 $p'>p_1$，就有压力 $(p'-p_1)$ 作用在平衡盘 5 上。这个力就是平衡力，方向与作用与叶轮上的轴向力相反。

工作时，当叶轮轴向力大于平衡盘 5 上的平衡力时，泵的转子就会向吸入方向窜动，使平衡盘 5 的轴向间隙 b_0 减小，增加液体的流体阻力，从而减少泄漏量。泄漏量减少后，液体流过径向间隙 b_0 的压力减小，从而提高了平衡盘 5 前面的压力 p'，即增加了平衡盘 5 上的平衡力。随着平衡盘 5 向左移动，平衡力逐渐增加，当平衡盘 5 移动到某一个位置时，平衡力与轴向力相等，达到平衡。

当轴向力小于平衡力时，转子将向右移动，移动一定距离后轴向力与平衡力将达到新的平衡。由于惯性，运动着的转子不会立刻停止在新的平衡位置上，而是继续移动促使平衡破坏，造成转子向相反方向移动的条件。

泵在工作时，转子永远不会停止在某一位置，而是在某一平衡位置左右轴向窜动。当泵的工作点改变时，转子会自动地移到另一平衡位置进行轴向窜动。由于平衡盘有自动平衡轴向力的特点,因而得到广泛应用。此外还有推力轴承、平衡鼓等平衡轴向力。

(3)平衡鼓。多用于多级泵,一般在末级泵后装一个圆柱形平衡鼓,随转子一起旋转,如图1-70所示。平衡鼓前面是末级叶轮的后泵腔,压力很高,后面为与吸入口相通的平衡室,压力近似为吸入压力。平衡鼓外表面与泵体间形成较小的间隙,起节流作用,保持平衡鼓前后有较大的压差,形成指向后面的轴向平衡力,一般能平衡90%~95%的轴向力。此外,因平衡腔压力低,降低了轴封的负荷,可以减少泄漏。

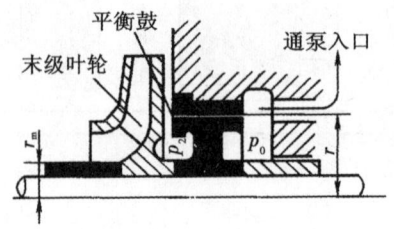

图1-70 平衡鼓示意图

(4)平衡管。用平衡管(图1-71所示)将多级泵的出口与进口连通,即将高压区与低压区连通,从而平衡压力,降低轴向力。

图1-71 平衡管

四、密封装置

1. 密封环

离心泵的叶轮是在高速旋转运动的,因此它与泵壳之间必然要留有间隙。这样就造成了从叶轮出来的液体经叶轮进口与泵盖之间的间隙漏回到泵的吸入口(又叫内泄漏),如图1-72所示。为了减少此种泄漏,同时防止叶轮与泵壳之间因液体中含有固体颗粒或叶轮安装不正而产生磨擦、磨损,就在叶轮和泵壳间隙的两边或一边装有可拆换的密封环(也称承磨环或减漏环等)。

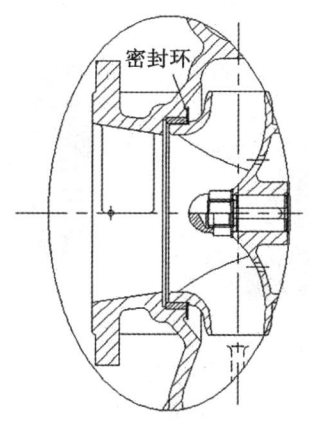

图 1-72 密封环

密封环的结构形式有三种，如图 1-73 所示。图 1-73（a）为平环式密封环，结构简单，制造方便，但密封效果差；图 1-73（b）为直角式密封环，液体泄漏时要通过一个 90°的通道，密封效果比平环式好，应用广泛；图 1-73（c）为迷宫式密封环，密封效果好，但结构复杂、制造困难，一般在离心泵中很少采用。

密封环磨损后，使径向间隙增大，泵的排液量减少，效率降低。当密封间隙超过规定值时，应及时更换密封环。

密封环应采用耐磨材料制造，常用的材料有铸铁、碳钢、青铜等。

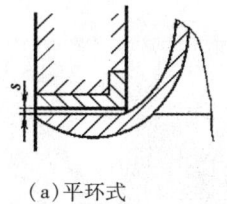 

(a) 平环式　　　　　　(b) 直角式　　　　　　(c) 迷宫式

图 1-73 密封环的结构形式

2. 轴封装置

在离心泵中，旋转的泵轴与静止的泵壳之间的密封装置称为轴封装置，主要有填料密封和机械密封两种，作用是防止高压液体泄漏，提高容积效率，同时可防止空气被吸入泵内，以保证泵的正常运转。

轴封装置将在"项目二　离心泵的轴封装置"中详细介绍。

五、泵体

泵体由泵壳及泵盖组成，是主要固定部件。它收集来自叶轮的液体，并使液体的部分动能转换为压力能，最后将液体均匀地导向排出口。齿轮泵泵体如图 1-74 所示。

泵壳顶上设有充水和放气的螺孔，以便在水泵启动前用来充水及排走泵壳内的空气。泵壳的底部设有放水螺孔，以便在水泵停车检修时放空积水。离心泵泵体如图 1-75 所示。

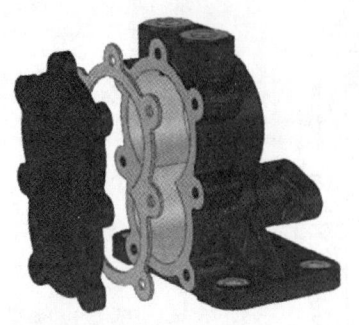

图 1-74 齿轮泵泵体

图 1-75 离心泵泵体

六、泵轴和轴套

泵轴(图 1-76 所示)是传递机械能的重要零件,原动机的扭矩通过它传给叶轮。泵轴的材料一般选用碳素钢或合金钢并经调质处理。

轴套(图 1-77 所示)的作用是保护泵轴,以减少泵轴的磨损。轴套的表面一般进行渗碳、渗氮、镀铬、喷涂等处理。

叶轮和轴靠键相连,由于这种连接方式只能传递扭矩而不能固定叶轮的轴向位置,故在水泵中还要用轴套和锁紧螺母来固定叶轮的轴向位置。叶轮采用锁紧螺母与轴套轴向定位后,为防止锁紧螺母退扣,要防止水泵反转,尤其是对初装水泵或解体检修后的水泵,要按规定进行转向检查,确保与规定转向一致。

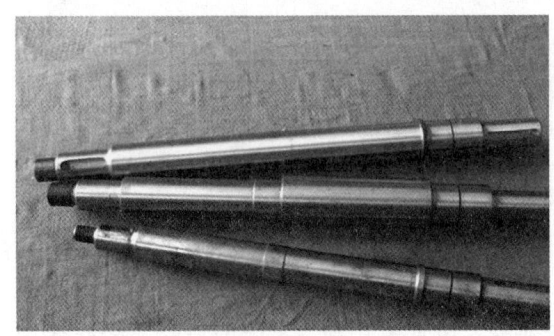

图 1-76 泵轴

图 1-77 轴套

七、轴承箱和轴承

轴承箱(图 1-78 至图 1-80 所示)用来固定轴承,同时作为装载轴承润滑油或冷却液的容器。

图 1-78　多级泵剖视结构

图 1-79　轴承箱（一）

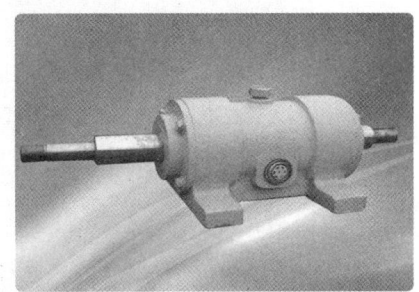

图 1-80　轴承箱（二）

轴承对泵轴进行支承，实质是能够承担径向载荷，也可以理解为它是用来固定轴的，使轴只能实现转动，而控制其轴向和径向的移动。

离心泵大部分采用滚动轴承（图 1-81），而滚动轴承的元件（滚动体、内外圈滚道及保持架）之间并非都是纯滚动的。由于在外负荷作用下，零件产生弹性变形，除个别点外，接触面上均有相对滑动。滚动轴承各元件接触面积小，单位面积压力往往很大，如果润滑不良，元件很容易胶合，或因摩擦而升温导致温度过高，引起滚动体回火，使轴承失效。所以轴承时刻都要处于油膜的涂覆之中。

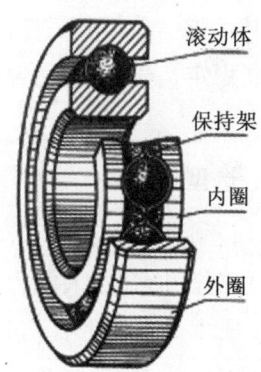

图 1-81　滚动轴承结构

联轴器是用来连接不同机构中的两根轴(主动轴和从动轴)，使之共同旋转以传递扭矩的机械部件，图 1-82 为各种类型的联轴器。

图 1-82　各种类型的联轴器

任务七　离心泵的选型

在实际生产中，往往需要根据工艺提出的要求，选择泵的型号及匹配的电机。对所选取的离心泵，希望其工作范围较广，工况变化的范围属于高效工作区，操作、维修方便，性能稳定，寿命长，可靠，吸入特性好，后期投资少，尺寸小，重量轻，成本低，易于管理。

一、选型的原则

(1) 必须满足工艺要求，如排量、压头、液体性质等。

(2) 工作可靠(吸入能力足够、密封好)，使用、调节、维修方便。

(3) 成本低，尺寸小，重量轻。

(4) 工作效率高，工况点在高效区(±10%)范围内。

(5)能满足特殊要求(如防火、防爆、抗腐蚀等)。

(6)能充分利用现有的动力源。

二、选型的步骤

1. 泵的初选

(1)收集原始资料。按照工艺的要求,详细列出原始数据,包括以下几点:

① 输送液体的物理性质:密度、黏度、饱和蒸气压力、腐蚀性等;

② 工作条件:总的进口和出口压力范围、流量范围、液体温度等;

③ 外界环境:环境温度、海拔高度、装置的水平面和垂直面要求、进水和出水罐至泵中心的管道布置方案及池内的液面高度等。

(2)估算泵的流量和压力。泵的流量的估算或选择如下:

① 当工艺要求中给出了正常流量、最小流量和最大流量时,直接取最大流量作为选泵的依据;

② 若只给出所需的正常流量 Q,则应考虑适当的安全系数估算泵的流量,取泵的流量为

$$Q' = (1.05 \sim 1.10)Q \tag{1-26}$$

泵的压力的估算或选择如下:

① 当工艺要求中给出了泵装置所需的压头 H 时,直接按公式求出压力:

$$P = H\rho g \tag{1-27}$$

式中,ρ——液体的密度。

② 若未给出压头值,做出泵流程图(图 1-83 所示),估算泵的压头和压力,最后确定泵所需的压力时,再留出一定的余量,即

$$H = H_{排} + h \tag{1-28}$$

式中,h 为排出管线的阻力损失。

$$H' = (1.10 \sim 1.12)H \tag{1-29}$$

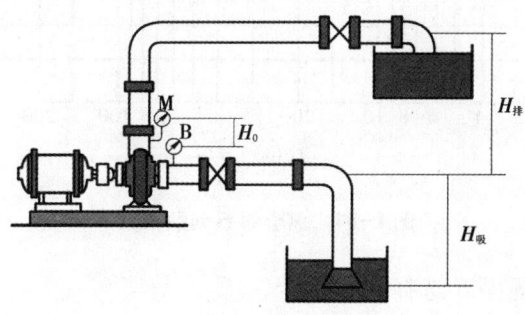

图 1-83 泵的流程图

(3)初选泵的类型和型号。

① 根据被输送液体的性质确定泵的类型。生产厂家已在其产品系列中说明了该系列泵的适用范围,应仔细查阅产品说明书,根据被输送的液体性质来合理选用离心泵,以满足工艺要求。

选择的原则如下:输送石油产品时,应选择各种油泵;输送水基介质时,多从水泵系列中选取;输送腐蚀性强的液体,应该从耐腐蚀泵系列产品中选取。

② 确定泵的台数。一般情况下只用一台泵工作,特殊情况下可能需要两台或多台泵串联、并联工作。其中压头高时可串联,排量大时可并联。

一般来说,泵的台数不宜过多,否则管线复杂,成本高,使用、维修和管理都不方便。然而,多台泵的方案可保证泵的连续工作,对械作条件变化适应性强,且便于定期检修。所以,应根据具体工艺综合考虑。

③ 由比转数选择泵型。台数确定后,可由单台泵的流量 Q、扬程或压头 H 及转速 n 计算出比转数 n_s,再根据系列型谱图选择泵型。图 1-84 为按 n_s 编制的离心泵系列型谱图。

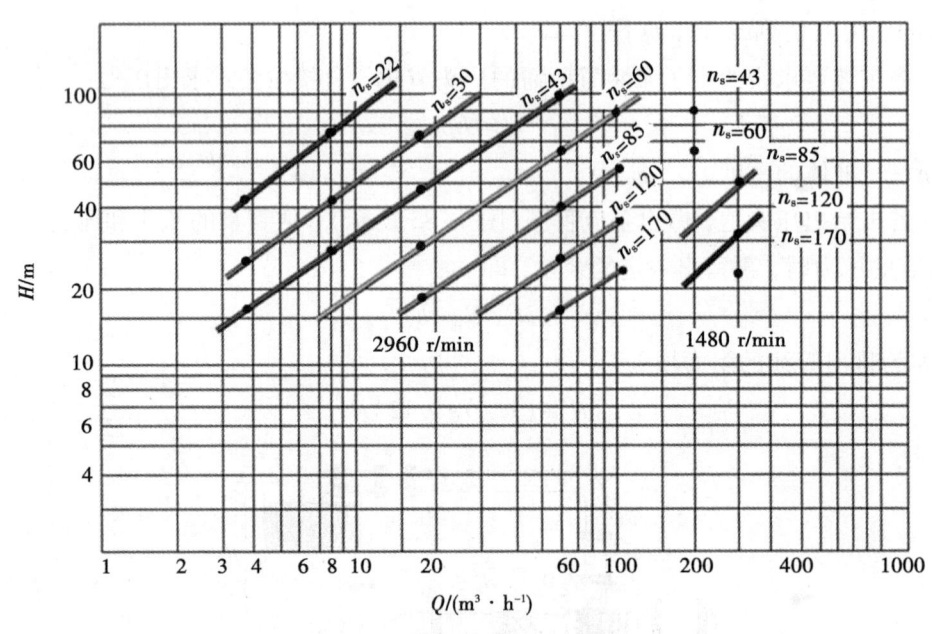

图 1-84 离心泵系列型谱图

④ 根据流量 Q 和扬程 H 选择泵的型号。

方法一:将估算出的流量 Q 和扬程 H 的数值标绘到该型泵的型谱图上,看其交点处于哪个切割高效区四边形中,即可读出四边形中所注明的离心泵型号。

方法二:从泵样本或系列性能规格表中查出该泵的特性曲线的形状(陡降、平坦等),选择与工艺要求相适应的泵。

2. 泵的复核

泵的复核的目的在于确定所选的泵能否满足工艺要求并正常工作。

(1)做出特性曲线图。首先做出泵的特性曲线图(图 1-85 所示),然后做出管路特性曲线图和泵管联合特性曲线图,校对其工况点是否在高效范围内。如不在,则应重新选择。

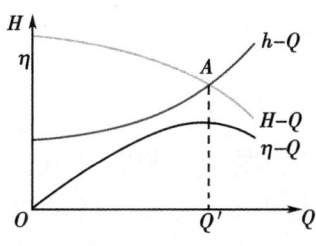

图 1-85 特性曲线图

(2)验算泵的性能。

① 校核允许吸入高度。为防止汽蚀,必须根据流程图计算出泵实际吸上真空度 H_S 或装置的有效汽蚀余量 Δh_a,与该泵的允许吸上真空度 H_S 或允许汽蚀余量 $\Delta h_{许}$ 相比较。或者由 H_S 或 $\Delta h_{许}$ 计算出泵的允许几何安装高度,与工艺流程图中拟确定的安装高度相比较。当不能满足要求时,必须另选泵型,或采取变更泵的位置等其他措施。

② 性能换算。若输送油品等高黏度液体,应先做性能换算再进行验算。若采用一台泵在多管路上工作,必须计算出各种不同使用条件下所需的扬程,校核该泵是否满足要求;必要时,可绘制泵的性能曲线和管路特性曲线,验算工况点的参数是否符合工艺要求,并在高效区内工作。

(3)功率计算。

① 计算泵的轴功率。根据输送液体的性质及工作参数 Q、H、η 等,可以求得泵的轴功率,即

$$N_a = \frac{\rho g Q H}{\eta} \times 10^{-3} \quad (1-30)$$

② 计算动力机的功率。

$$N_p = (1.1 \sim 1.5) N_a \quad (1-31)$$

此即选配动力机的依据。选配动力机时,还要优先考虑可供利用的动力源,在条件允许时尽可能选用电动机。

项目二　离心泵的轴封装置

【学习目标】

1. 知识目标

(1)掌握填料密封和机械密封的原理、结构、形式。

(2)了解填料密封和机械密封的技术要求、材料和冲洗方法。

(3)掌握填料密封和机械密封的故障分析方法,以及机械密封装置的更换方法。

2. 能力目标

(1)能熟练拆装各种形式的机械密封。

(2)能熟练判断机械密封的故障,并能对机械密封进行更换。

3. 素质目标

(1)培养学生在泵安装过程中的安全操作意识。

(2)培养学生在泵的密封问题上的创新意识。

【任务描述】

生产车间某泵出现严重泄漏,工程技术人员要在规定时间内判断密封泄漏的原因,明确密封的形式、结构和材质,并对机械密封进行正确的更换。

泵在工作时,液体从叶轮背面与泵壳之间存在的圆环形间隙中漏出,即在轴穿过泵壳的地方会产生液体的泄漏。为了减少泄漏、节约能源,在这些位置必须有一个阻止泄漏的装置,即轴封装置。

轴封装置设置在泵的吸入口一侧时,由于泵内压力低于大气压,其主要防止泵吸入口出现真空时空气漏入泵内;而轴封装置设置在排出口一侧时,由于泵内压力较高,其主要防止泵内液体漏出泵外,提高容积效率。

离心泵常用的轴封装置有填料密封装置和机械密封装置。

任务一　填料密封装置

一、填料密封原理、常用结构及安装要求

填料密封又叫压盖填料密封,俗称盘根。它是一种填塞环缝的压紧式密封,具有结构简单、成本低廉、拆装方便等优点,但密封效果较差,泄漏量较大。

1. 填料密封的原理及特点

图 2-1 为一种典型结构的软填料密封。软填料 6 装在填料箱 3 内,压盖 2 通过压盖螺栓 1 轴向预紧力的作用使软填料产生轴向压缩变形,同时引起填料产生径向膨胀的趋势,而填料的膨胀又受到填料箱内壁与轴表面的阻碍作用,使其与两表面之间产生紧贴,间隙被填塞而达到密封。软填料是在变形时依靠合适的径向力紧贴轴和填料箱内壁表面,以保证可靠的密封。

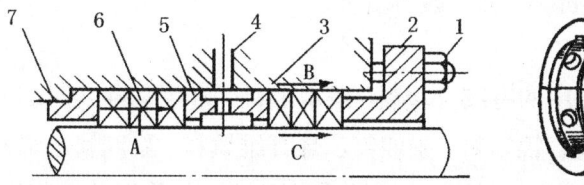

图 2-1　软填料密封示意图

1—压盖螺栓；2—压盖；3—填料箱；4—封液环入口；5—封液环；6—软填料；7—底衬套；
A—软填料渗漏；B—靠箱壁侧泄漏；C—靠轴侧泄漏

为了使沿轴向径向力分布均匀,采用中间封液环 5 将填料箱分成两段。为了使软填料有足够的润滑和冷却,往封液环入口 4 注入润滑性液体(封液)。为了防止填料被挤出,采用具有一定间隙的底衬套 7。

显然,填料与运动的轴之间因有相对运动,难免存在微小间隙而造成泄漏,此间隙即主要泄漏通道。填料装入填料箱内以后,当拧紧压盖螺栓时,柔性软填料受压盖的轴向压紧力作用产生弹塑性变形而沿径向扩展,对轴产生压紧力,并与轴紧密接触。但由于加工等原因,轴表面总有些粗糙度,其与填料只能部分贴合,而部分未接触,这就形成了无数个不规则的微小迷宫。当有一定压力的流体介质通过轴表面时,将被多次引起节流降压,这就是所谓"迷宫效应"。正是凭借这种效应,使流体沿轴向流动受阻而达到密封。填料与轴表面的贴合、摩擦也类似滑动轴承,故应有足够的液体进行润滑,以保证密封有一定的寿命,即所谓"轴承效应"。

显然,良好的软填料密封即"轴承效应"和"迷宫效应"的综合。适当的压紧力使轴与填料之间保持必要的液体润滑膜，可减少摩擦、磨损，提高使用寿命。压紧力过小会导致泄漏严重，而压紧力过大则难以形成润滑液膜，密封面呈干摩擦状态，磨损严重，密封寿命将大大缩短。因此，如何控制合理的压紧力是保证软填料密封具有良好密封性的关键。

填料密封有以下几个特点。

(1) 有一定的弹塑性。当填料受轴向压紧时能产生较大的径向压紧力以获得密封；机器和轴有振动或轴有跳动及偏心时，能有一定的补偿能力(追随性)。

(2) 有足够的化学稳定性。不易渗透性，不会污染介质，填料不会被介质泡胀，填料中的浸渍剂不会被介质溶解，填料本身不腐蚀密封面。为此，在制作填料时往往需要浸渍、填充各种润滑剂和填充剂。

(3) 自润滑性能良好。耐磨，摩擦因数小；导热性能好。

(4) 当摩擦发热后能承受一定的高温。

(5) 有一定的强度。

(6) 制造工艺简单，价格低廉，装拆方便。

2. 填料的种类

填料的种类很多，常用的有绞合填料、编织填料、塑性填料、金属填料四类。主要材质有石墨编织填料、油浸石棉填料、聚四氟乙烯纤维填料、聚四氟乙烯浸渍石棉填料等。绞合填料最为简单，用于高温。编织填料是填料密封主要采用的填料形式，对轴振动和偏摆有一定的补偿能力。套层编织填料密封性强，但由于是套层结构，层间没有纤维连接，容易脱层。穿心编织填料弹性和耐磨性好，强度高，致密性好。夹心编织填料密封性能也较好。柔性石墨填料不渗透，自润滑性好，有一定弹塑性，能耐较高的温度，使用范围广；但其抗拉强度低，使用中对此应予注意。叠层填料密封性能好。

图 2-2 所示为各种填料。

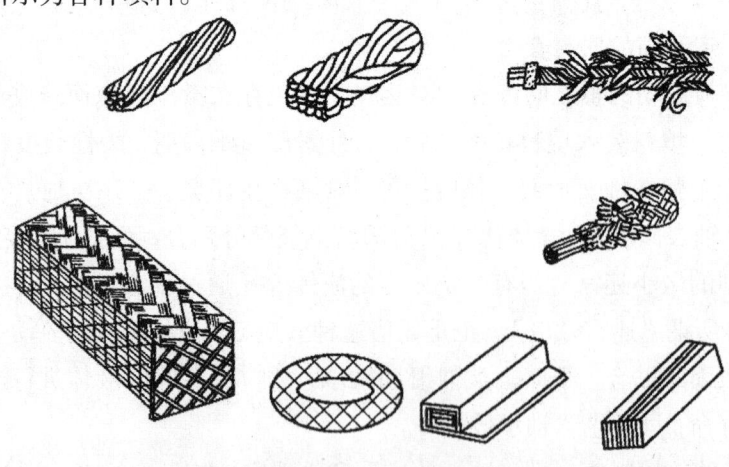

图 2-2 各种填料

3. 填料安装、使用

填料安装、使用时应注意以下几点。

(1) 检查轴与填料函的同轴度及轴的径向圆跳动量,如图 2-3 所示。

(2) 清理填料函。填料函内失效的填料必须全部掏清,之后清洗或擦拭干净。轴表面要光滑,不应有拉毛、划痕等现象。填料函端面内孔边要有一定的倒角。在清除时要使用专用工具,如图 2-4 所示。

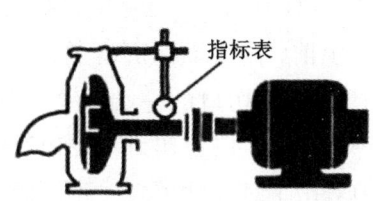

图 2-3 同轴度及径向圆跳动测量

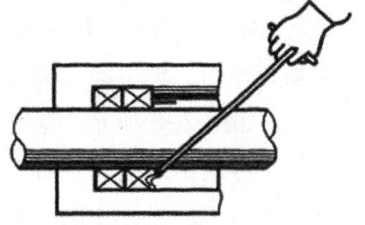

图 2-4 清理填料函

(3) 检查填料材质是否符合要求,断面尺寸与填料函和轴向尺寸是否匹配;对不符合规格的应考虑更换。当没有备用填料时,若填料厚度过大或过小,严禁用锤子敲打。正确的方法是将填料置于平整洁净的平台上用木棒滚压,如图 2-5 所示。但最好采用图 2-6 所示的专用模具,将填料压制成所需的尺寸。

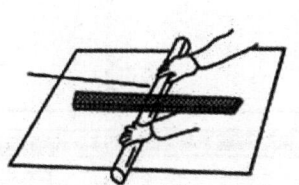

图 2-5 用木棒滚压填料

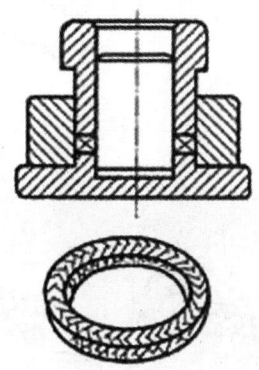

图 2-6 填料的模压改形

(4) 填料的切割与安装。沿轴的周长,用锋利刀口将填料切断(可用一根与轴同直径的柱或假轴,把填料绕在柱上,然后用刀切断。切成后的环接头应吻合,如图 2-7 所示,切口可以是直口或 45°斜口。不能将切割后的填料环任意变形;对切断后的第一节填料,不应让其松散,更不应将它拉直,而应取与填料同宽度的纸带把每节填料呈圆环形包扎好(纸带接口应黏结起来),置于洁净处。成批的填料应装成一箱,装填时,填料不要随

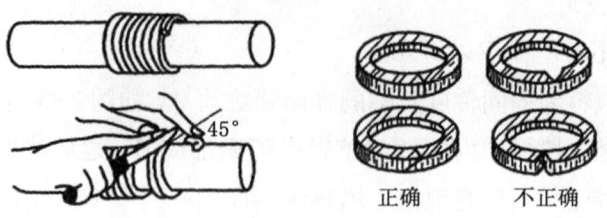

图 2-7 填料切割示意图

便乱放,以免表面粘上泥沙、灰尘等物,因为这些污物很难清除,一旦随填料装入后,就会对轴产生强烈磨损。填料应一圈圈装填,每圈在装填前,内表面涂润滑剂,以增加填料的润滑性能,如图 2-8 所示。装填时,用双手各持填料环切口的一端,沿轴向拉开,使之呈螺旋形,再从切口处套入轴上,注意不得沿径向拉开,以免切口不齐而影响密封效果。可取一只与填料尺寸相同的木质两半轴套作为专用工具压装填料。将木质两半轴套合于轴上,把填料环推入填料函的深部,并用压盖对木轴套施加一定的压力,使填料环得到预压缩(预压缩量为 5%~10%,最大到 20%),再将轴转动一周,取出木轴套。装填时须注意相邻填料环的切口之间应错开,填料环数为 4~8 时,装填时应使切口相互错开 90°;3~6 环时,切口应错开 120°;2 环时,切口应错开 180°。填料环的装填的具体操作如图 2-9 和图 2-10 所示。

图 2-8 涂敷润滑脂

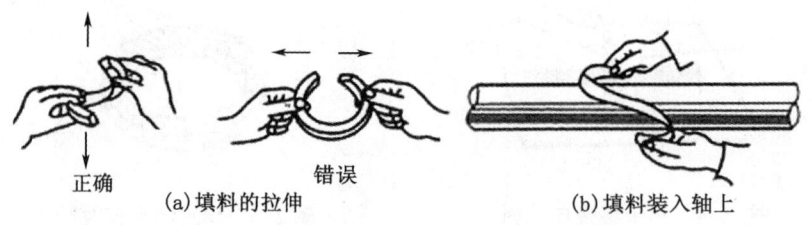

图 2-9 填料环的装填

(5)密封填料环全部装完后,再用压盖加压,拧紧压盖螺栓,这是保持软填料密封具有良好密封性的关键之一。为使压力平衡,应采用对称拧紧(如图 2-11 所示)的方法,避免填料压偏;要合理地控制预压紧力,先用手拧,直至拧不动时,再用扳手拧。

	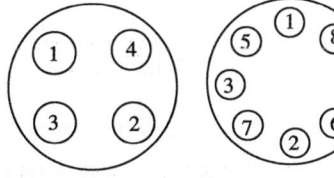
图 2-10 用木质两半轴套压紧填料	**图 2-11 对称拧紧螺栓示意图**

（6）对于高压密封，填料必须预压成型，以提高密封效果。图 2-12 展示了填料经过预压缩后，再装入填料函内的径向压紧力的分布情况。与未经预压的填料相比，其径向压紧力分布比较均匀、合理，密封效果也好。预压缩的比压可取介质压力的 1.2 倍。

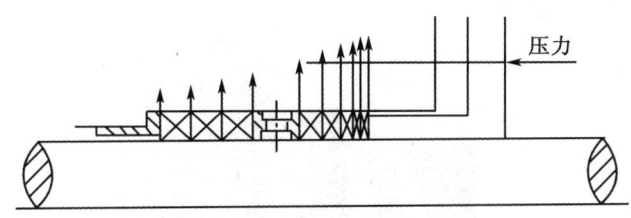

图 2-12 填料预压后的径向力分布

（7）软硬填料混合安装时，硬填料应放在填料函底部，软填料靠近压盖处。

（8）安装后需进行试运转，不必启动电机，用手盘动联轴器，使填料紧松适宜。

（9）运行调试。调试工作是必需的，其目的是调节填料的松紧程度。用手拧紧压盖螺栓后启动泵，然后用扳手逐渐拧紧螺栓，一直到泄漏减小到最小的允许泄漏量为止；设备启动时，重新安装和新安装后的填料发生少量泄漏是允许的。设备启动后的 1 小时内需分步将压盖螺栓拧紧，直到其滴漏和发热减小到允许的程度，这样做的目的是使填料能在以后长期运行工作中达到良好的密封性能。填料函的外壳温度不应急剧上升，一般比环境温度高 30~40 ℃ 可认为合适，能保持稳定温度即认为可以。

二、填料的保管

填料的保管应注意以下几点。

（1）密封填料应存放在常温、通风的地方，防止日光直接照射，以避免老化变质；不得在有酸、碱等腐蚀性物品附近处存放，也不宜在高温辐射或低温潮湿环境中存放。

（2）在搬运和库存过程中，要注意防止沙、尘异物粘污密封填料。一旦黏附杂物要彻底清除，避免装配后损伤轴的表面，影响密封效果。

（3）对于核电站所用密封填料，除上述各点外，还要特别注意避免接触含有氯离子的物质。

任务二　机械密封装置

机械密封又叫端面密封，在我国国家标准《机械密封名词术语》（GB 5894—86）中是这样定义的："由至少一对垂直于旋转轴线的端面在流体压力和补偿机构弹力（或磁力）的作用以及辅助密封的配合下保持贴合并相对滑动而构成的防止流体泄漏的装置。"

机械密封由于具有泄漏量小、使用寿命长、功率损耗小、不需要经常维修等优点而获得了迅速发展和广泛应用。但是机械密封仍存在制造复杂、精度要求高、摩擦副和其他元件材料不易选配等问题。

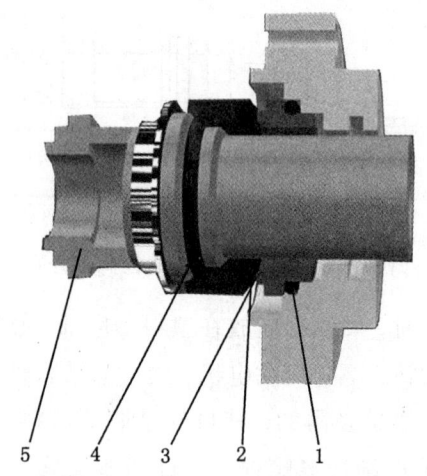

图 2-13　弹簧式机械密封泄漏点
1—静环密封圈；2—压盖密封圈；3—动静环摩擦副；4—动环密封圈；5—轴套密封圈

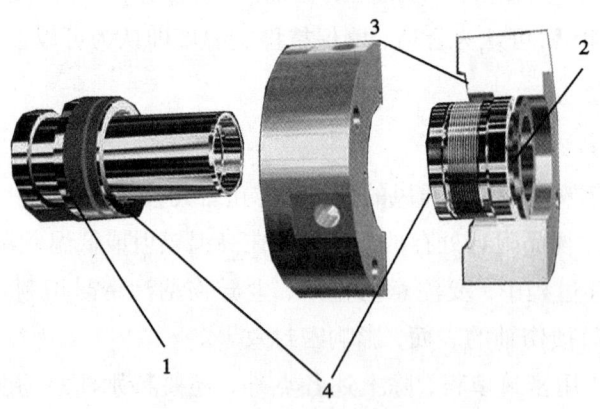

图 2-14　波纹管式机械密封泄漏点
1—轴套与动环；2—压盖与波纹管；3—压盖垫；4—摩擦副

从结构上看,机械密封主要是将极易泄漏的轴向密封改为不易泄漏的端面密封。由动环端面与静环端面相互贴合而构成的动密封是决定机械密封性能和寿命的关键。据统计,机械密封的泄漏大约有 80%~95% 是由于密封端面的摩擦副造成的,因此,对动环的接触端面要求很高。我国机械行业标准《机械密封 技术条件》(JB/T 4127.1—1999)中规定:密封端面平面度不大于 0.0009 mm;金属材料密封端面粗糙度值应不大于 0.2 μm,非金属材料密封端面粗糙度值不大于 0.4 μm。

对于旋转机械而言,密封技术虽然不是领先技术,但是决定性技术,密封件虽然不大,只是个部件,但决定机器的安全性、可靠性。

一、机械密封的工作原理与结构类型

1. 机械密封的工作原理

如图 2-15 所示,机械密封主要由动环、静环、动环密封圈、静环密封圈、轴套、压盖、弹簧等组成,其中动环、静环为一对摩擦副,形成密封端面;由弹性元件(圆柱弹簧、圆锥弹簧、波片弹簧、波纹管等)构成缓冲补偿机构,使摩擦副紧密贴合;动环密封圈、静环密封圈等构成辅助密封圈,如 O 形圈、V 形圈、楔形圈等。

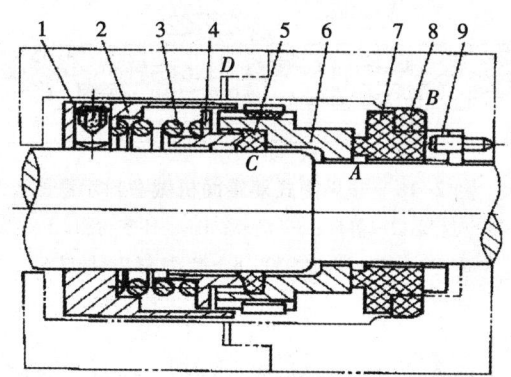

图 2-15 非平衡式单端面机械密封示意图
1—紧定螺钉;2—弹簧座;3—弹簧;4—推环;5—动环密封圈;
6—动环;7—静环;8—静环密封圈;9—防转销

其工作过程是紧定螺钉 1 将弹簧座 2 固定在轴(或轴套)上,弹簧座 2、弹簧 3、推环 4、动环 6 和动环密封圈 5 均随轴转动,静环 7、静环密封圈 8 装在压盖上,并由防转销 9 固定,静止不动。动环在弹簧力和介质压力的作用下,与静环的端面紧密贴合并发生相对滑动,阻止的介质的泄漏。动环、静环、动环密封圈和弹簧是机械密封的主要元件,而动环随轴转动并与静环紧密贴合是保证机械密封达到良好效果的关键。

摩擦副表面磨损后,在弹簧的推动下实现补偿。

机械密封中一般有 4 个可能的泄漏点——A,B,C,D。

动环与静环的接触面上是密封点 A,它主要靠泵内液体压力及弹簧力将动环压贴在静环上,防止 A 点泄漏;但两环的接触面 A 上总会有少量液体泄漏,它可以形成液膜,一方面可以阻止泄漏,另一方面又可起润滑作用;为保证两环的端面贴合良好,两端面必须平直光洁。

在静环与静环座之间是密封点 B，属于静密封点；用有弹性的 O 形（或 V 形）密封圈压于静环和静环座之间，靠弹簧力使弹性密封圈变形而密封。

在动环与轴之间形成密封点 C，此处也属于静密封，考虑到动环可以沿轴向窜动，可采用具有弹性和自紧性的 V 形密封圈来密封。

在静环座（密封压差）与壳体之间为密封点 D，也是静密封，可用密封圈或垫片作为密封元件。

对于采用轴套的机械密封，在轴套与轴之间也存在一个密封点 E，也是静密封，可用密封圈或垫片作为密封元件。

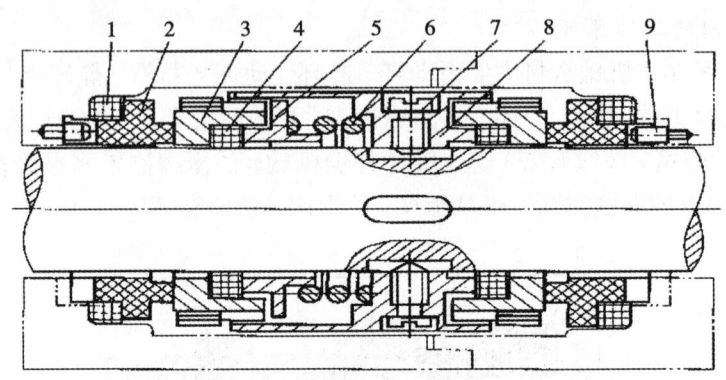

图 2-16　非平衡式双端面机械密封示意图

1—静密封圈；2—静环；3—动环；4—动环密封圈；5—推环；
6—弹簧；7—紧定螺钉；8—弹簧座；9—防转销

2. 机械密封的分类

机械密封的结构形式很多，可从摩擦副的对数、弹簧、介质和端面上作用的比压情况及介质的泄漏方向等方面进行分类。

(1) 内装式机械密封与外装式机械密封。内装式机械密封是弹簧置于被密封介质之内或静环装于密封端盖内侧，即面向主机工作腔的一侧（见图 2-15 和图 2-16）；外装式则是弹簧置于被密封介质的外部或静环装于密封端盖外侧，即背向主机工作腔的一侧的机械密封，如图 2-15 所示。

内装式可使泵轴长度减小，但弹簧直接与介质接触，机械密封可以利用密封腔内流体压力来密封，机械密封的元件均处于密封流体中，密封端面的受力状态及冷却和润滑条件好，是常用的结构形式。

内装式的端面比压随介质压力的升高而升高，密封可靠，应用较广。

外装式机械密封的大部分零件不与密封流体接触，暴露在设备外，便于观察及维修安装。在常用的外装式结构中，动环与静环接触端面上所受介质作用力和弹簧力的方向相反。当介质压力有波动或升高时，若弹簧力余量不大，就会出现密封不稳定，导致密封环不稳定甚至严重泄漏；而当介质压力降低时，又因弹簧力不变，使端面上受力过大。

特别是在低压启动时，由于摩擦副尚未形成液膜，端面上受力过大容易磨伤密封面。

外装式机械密封仅用于强腐蚀、高黏度和易结晶介质，以及介质压力较低的场合。

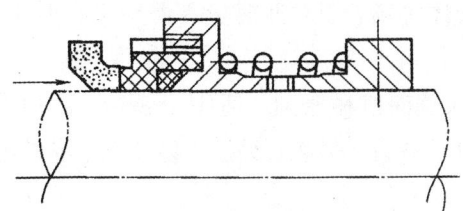

图 2-17　外装式机械密封示意图

(2) 平衡式机械密封与非平衡式机械密封。在端面密封中，介质施加于密封端面上的载荷情况，可用载荷系数 k 表示，按密封流体作用在密封端面上的压力是卸荷或不卸荷，可分为平衡式机械密封和非平衡式机械密封。平衡式机械密封又可分为部分平衡式（部分卸荷）机械密封和过平衡式（全部卸荷）机械密封。载荷系数 k 为介质压力的作用面积与密封端面面积之比。

密封流体作用于单位密封面上轴向压力大于或等于密封腔内流体压力时，称非平衡式机械密封；流体作用于单位密封面上的轴向压力小于密封腔内流体压力时，称部分平衡式机械密封；若流体对密封面无轴向压力或为推开力，则称为过平衡式机械密封。

$$k = \frac{A_e}{A} = \frac{D_2^2 - d^2}{D_2^2 - D_1^2} \tag{2-1}$$

式中，A——密封环带面积，指较窄的那个密封端面外径 D_2 与内径 d 之间环形区域的面积，$A = \frac{\pi}{4}(D_2^2 - D_1^2)$；

A_e——密封流体压力作用在补偿环上，使之对非补偿环趋于闭合的有效作用面积，$A_e = \frac{\pi}{4}(D_2^2 - d^2)$；

d——平衡直径，指密封流体压力作用在补偿环辅助密封圈处的轴（或轴套）的直径。

非平衡式机械密封 $k \geq 1$；部分平衡式机械密封 $0 < k < 1$；过平衡式机械密封 $k \leq 0$。非平衡式机械密封，其密封端面上的作用力随密封流体压力升高而增大，因此只适用于低压密封。对于一般液体，可用于密封压力不大于 0.7 MPa 的情形；对于润滑性差及腐蚀性液体，可用于压力在 0.3~0.5 MPa 的情形。平衡式机械密封能部分或全部平衡流体压力对端面的作用，其密封端面上的作用力随密封流体压力变化较小，能降低端面上的摩擦和磨损，减小摩擦热，承载能力大，因此它适用于压力较高的场合。对于一般液体，可用于压力为 0.7~4.0 MPa（甚至可达 10 MPa）的情形；对于润滑性较差、黏度低、密度小于 600 kg/m³ 的液体（如液化气），可用于液体压力较高的场合。

(3) 按照密封端对数分类。其可分为单端面机械密封、双端面机械密封和多端面机械密封。

动环与静环组成摩擦副，有一对摩擦副的称为单端面机械密封，其结构简单，制造、安装容易，应用广，适用于一般液体场合（如油品等），与其他辅助装置合用时，可用于带悬浮颗粒、高温、高压液体等场合；对泄漏量有严格要求时不宜使用。具体如图 2-15 所示。

有两个摩擦副的称为双端面机械密封，适用于腐蚀、高温、液化气带固体颗粒及纤维、润滑性能差的介质，以及有毒、易燃、易爆、易挥发、易结晶和贵重的介质。具体如图 2-16 所示。

双端面密封有更好的可靠性，适用范围更广，可以完全防止被密封介质的外泄漏，但结构较复杂，造价高。

（4）按照应用的主机分类。其可分为泵用机械密封、釜用机械密封、透平压缩机用机械密封、风机用机械密封、潜水电机用机械密封、冷冻机用机械密封，以及其他主机用机械密封等。

（5）按照使用工况和参数分类。机械密封可按照不同的使用工况和参数分类，可分为高温、中温、低温、普温机械密封，高压、中压、低压及真空机械密封，高速、低速、超高速机械密封，耐油、耐腐蚀机械密封，大轴径、小轴径、一般轴径机械密封。具体见表 2-1。

表 2-1 机械密封（按使用工况参数分类）

分类依据	工况参数	分类	分类依据	工况参数	分类
按照密封腔温度	$t>150\ ℃$	高温机械密封	密封面上速度	$v>100\ m/s$	超高速机械密封
	$80\ ℃<t\leqslant 150\ ℃$	中温机械密封		$25\ m/s\leqslant v\leqslant 100\ m/s$	高速机械密封
	$-20\ ℃\leqslant t\leqslant 80\ ℃$	普温机械密封		$v<25\ m/s$	一般速度机械密封
	$t<-20\ ℃$	低温机械密封	按照被密封介质	含固体颗粒	耐磨介质机械密封
按照密封压力	$p>15\ MPa$	超高压机械密封		强酸、强碱及其他强腐蚀性介质	耐强腐蚀机械密封
	$3\ MPa<p\leqslant 15\ MPa$	高压机械密封		耐油、水、有机溶剂及其他弱腐蚀性介质	耐油、水及其他弱腐蚀机械密封
	$1\ MPa<p\leqslant 3\ MPa$	中压机械密封	轴径	$d>120\ mm$	大轴径机械密封
	常压$\leqslant p\leqslant 1\ MPa$	低压机械密封		$25\ mm\leqslant d\leqslant 120\ mm$	一般轴径机械密封
	负压	真空机械密封		$d<25\ mm$	小轴径机械密封

(6)按照参数和轴径分类。其可分为重型机械密封、中型机械密封和轻型机械密封。

① 重型机械密封。它通常指满足下列参数和轴径之一的机械密封:密封腔压力大于 3 MPa;密封腔温度小于-20 ℃或大于 150 ℃;密封端面平均线速度不小于 25 m/s;密封轴径大于 120 mm。

② 轻型机械密封。它通常指满足下列参数和轴径的机械密封:密封腔压力小于 0.5 MPa;密封腔温度大于 0 ℃且小于 80 ℃;密封端面平均线速度小于 10 m/s;密封轴径不大于 40 mm。

③ 中型机械密封。中型机械密封通常指不满足重型和轻型的其他机械密封。

(7)按照补偿机构中弹簧的个数分类。其可分为单弹簧式机械密封和多弹簧式机械密封。补偿机构中只有一个弹簧的机械密封称为单弹簧式机械密封或大弹簧式机械密封,如图 2-18 所示;补偿机构中含有多个弹簧的机械密封称为多弹簧式机械密封或小弹簧式机械密封,如图 2-19 所示。单弹簧式机械密封端面上的弹簧压力在轴径较大时分布不均,高速下离心力易使弹簧偏移或变形,它多用于较小轴径(80~150 mm)、低速密封;多弹簧式机械密封的弹簧压力分布则相对较均匀,受离心力影响较小,弹簧力可通过改变弹簧个数来调节,适用于大轴径、高速密封。但多弹簧的弹簧丝径细,在腐蚀性介质或有固体颗粒介质的场合下,易因腐蚀和堵塞而失效。

图 2-18 单弹簧式机械密封

图 2-19 多弹簧式机械密封

(8)按照补偿环是否随轴旋转分类。其可分为旋转式机械密封和静止式机械密封。补偿环随轴旋转的称为旋转式机械密封;补偿环不随轴旋转的称为静止式机械密封。由于静止式机械密封的弹性元件不受离心力影响,常用于高速机械密封。旋转式机械密的弹性元件装置简单，径向尺寸小，常用于一般机械密封，但不宜用于高速场合。由于高速情况下转动件的不平衡质量易引起振动和介质被强烈搅动，因此，线速度大于30 m/s时，宜采用静止式机械密封。

(9) 按照密封流体在密封端面间的泄漏方向是否与离心力方向一致分类。其可分为内流式机械密封和外流式机械密封。密封流体在密封端面间的泄漏方向与离心力方向相反的密封称为内流式机械密封；密封流体在密封端面间的泄漏方向与离心力方向相同的机械密封称为外流式机械密封。

(10) 按照补偿环上离密封端面最远的背面是处于高压侧或低压侧分类。其可分为背面高压式机械密封和背面低压式机械密封。补偿环上离密封端面最远的背面处于高压侧的机械密封称为背面高压式机械密封；补偿环上离密封端面最远的背面处于低压侧的机械密封称为背面低压式机械密封。

(11) 按照密封端面是否直接接触分类。其可分为接触式机械密封和非接触式机械密封。接触式机械密封是指靠弹性元件的弹力和密封流体的压力使密封端面紧密贴合，即密封面微凸体接触的机械密封；非接触式机械密封是指靠流体静压或动压作用，在密封端面间充满一层完整的流体膜，迫使密封端面彼此分离而不存在硬性固相接触的机械密封。非接触式机械密封又分为流体静压式和流体动压式两类。

(12) 按照波纹管材料不同对波纹管式机械密封分类。其可分为金属波纹管型机械密封、聚四氟乙烯波纹管型机械密封和橡胶波纹管型机械密封。金属波纹管用于高温、高速场合，追随性好。聚四氟乙烯波纹管用于腐蚀性介质，如酸、碱等；橡胶波纹管用于中性介质，如水、油等，以及压力、温度都不高的场合。

波纹管是在补偿环组件中能在外力或自身弹力作用下伸缩并起补偿环辅助密封作用的波纹状管形弹性零件。波纹管型机械密封在轴上没有相对滑动，对轴无磨损，追随性好，适用范围广。追随性是指当机械密封存在跳动、振动和转轴的窜动时，补偿环对于非补偿环保持贴合的性能。

3. 机械密封的优点和缺点

机械密封与其他形式的密封相比具有以下优点。

(1) 密封可靠。在长期运转中密封状态很稳定，泄漏量很小，一般为 10 mL/h，其泄漏约为软填料密封的 1%。

(2) 使用寿命长。机械密封端面由自润滑性及耐磨性较好的材料组成，密封端面的磨损量在正常工作条件下很小，端面磨损后能够实现自动补偿，一般可连续使用 1~2 年，特殊的可用到 5~10 年，甚至 10 年以上。

(3) 摩擦功率消耗小。机械密封的端面接触面积小，摩擦功率损耗一般仅为填料密封的 20%~30%。

(4) 轴或轴套表面不易磨损，机械密封与轴或轴套的接触部位几乎没有相对运动；对轴的精度和表面粗糙度要求相对较低。

(5) 运转中不用调整。由于机械密封靠弹簧力和流体压力使摩擦副贴合，在运转中即使摩擦副磨损后，密封端面也始终自动地保持贴合。因此，正确安装后，就不需要经常调整，使用方便，适合连续化、自动化生产。

(6) 抗震性好，对轴的振动敏感性相对较小，对旋转轴的振动、偏摆及轴对密封腔的偏斜不敏感，仍能保持良好的密封性能。

(7) 密封参数高，适用范围广。当合理选择摩擦副材料及结构，加之设置适当冲洗、冷却等辅助系统的情况下，机械密封可广泛适用于各种工况，尤其在高温、低温、强腐蚀、高速等恶劣工况下，更显示出其优越性。

机械密封缺点如下。

(1) 结构较复杂、拆装不便，机械密封的零件数目多，要求精密，对密封元件的加工制造要求高。

(2) 对安装和更换要求较高，拆装时要从轴端抽出密封环，必须把机器部分或全部拆卸，安装工人要有一定的技术水平。

(3) 发生偶然性事故时，处理较困难。

(4) 造价较高。

鉴于此，机械密封多用于对密封要求比较严格的场合。

二、机械密封基本元件的作用和要求

1. 端面密封副(静环、动环)

端面密封副的作用是使密封面紧密贴合，防止介质泄漏。它要求静、动环具有良好的耐磨性，动环可以轴向灵活地移动，自动补偿密封面磨损，使之与静环良好地贴合；静环具有浮动性，起缓冲作用。为此，密封面要求有良好的加工质量，保证密封副有良好的贴合性能。

机械密封的摩擦副(密封副)主要由动、静环组成，它要求具有耐磨性、耐腐蚀性、机械强度高、良好的耐热性、气密性好、易加工等优点。

(1) 硬质合金。它简称 WC，是含有钴、铬和钛的一类合金，其中钴是一种黏合剂，其质量分数越高，材料的强度就越低。牌号有：YG-6 硬度为 89.5HRA，YG-8 硬度为 89HRA，YG-15 硬度为 87HRA。硬质合金有很高的硬度，它的硬度是高速钢的 20 倍，具有耐高温、线胀系数小、摩擦系数低和组对性能好等特点，是机械密封不可缺少的材料。

(2)合金钢、高硅铁。合金钢经过热处理后,硬度和耐磨性大大提升,加工制造比较容易,成本比较低,常用的材料有 3Cr13,4Cr13,9Cr18,W18Cr4v。高硅铁是碳的质量分数为 10%~17% 的硅铁合金,它是一种优良的耐酸材料,对硫酸、硝酸、有机酸等介质有良好的耐腐蚀性,但不耐强碱、盐酸,硬度为 45~50 HRA。

(3)碳化硅(SiC)材料。碳化硅(SiC)是国际上目前最先进的材料,它的减磨性能特别好,具有摩擦系数小、硬度高等优点,一般与硬质合金组对。密封动环、静环的加工表面平面度在 0.0009 mm,表面粗糙度在 0.05 μm,精度要求非常高。

(4)石墨材料。碳石墨代号 M121、耐温 350 ℃;浸环氧树脂代号有 M106H,M120N,M220N,使用温度 200 ℃;浸呋喃树脂代号有 M106K,M120K,使用温度 200 ℃;碳石墨浸铝代号有 M232L,使用温度 400 ℃;还有浸锑、浸银、浸铜等。石墨是在石油炭黑、油烟炭黑中加入焦油、沥青等混合经粉碎压制成胚,经高温焙烧 2400~2800 ℃而成。在高温焙烧时出现 10%~30% 气孔,所以要浸渍一些材料。碳石墨材料是用处最大的摩擦副组对材料,它的特点是有良好的自润滑性、耐腐蚀性、耐高温、组对性能好、易加工、摩擦系数小。

碳石墨、烧石墨、热解石墨都有较好的减磨性、自润滑性,是机械密封主要用到的石墨材料,一般与硬材料组对,如硬质合金、碳化硅。其优点是耐腐蚀性能好、耐温好、线胀系数低、组对性能好、易加工。

2. 弹性元件(弹簧、波纹管)

弹性元件主要起补偿和缓冲的作用,要求始终保持足够的弹性来克服辅助密封及传动件的摩擦,以及动环等的惯性,保证端面密封副良好的贴合和动环的追随性;材料要求耐腐蚀、耐疲劳。

机械密封弹性元件有弹簧和金属波纹管。泵用机械密封的弹簧多用 4Cr13,1Cr18Ni9Ti;在弱腐蚀介质中也可以用碳素弹簧钢;磷青铜弹簧在海水中使用良好;60Si2Mn 和 65Mn 碳素弹簧钢用在常温下的无腐蚀介质中;50CrV 用于高温油泵中较多;3Cr13,4Cr13 铬钢弹簧钢适用于弱腐蚀介质;1Cr18Ni9Ti 等不锈钢弹簧在稀硫酸中使用。

3. 辅助密封(O形圈、V形圈、U形圈、楔形圈和异形圈)

辅助密封主要起静环和动环的密封作用,同时也起到浮动和缓冲作用;要求静环的密封元件能保证静环与压盖之间的密封性和静环有一定的浮动性,动环的密封元件能保证动环与轴或轴套之间的密封性和动环的浮动性。材料要求耐热、耐寒并能与介质相容。

辅助密封常用合成橡胶。橡胶辅助密封圈是使用最广的一种辅助密封圈。常用的橡胶密封圈有丁腈橡胶、氟橡胶、硅橡胶、乙丙橡胶。

4. 传动件(传动销、传动环、传动座、传动键、传动突耳或牙嵌式联结器)

传动件起到将轴的转矩传给动环的作用。材料要求耐磨和耐腐蚀。

5. 紧固件(紧定螺钉、弹簧座、压盖、组装套、轴套)

紧固件起到静、动环的定位、紧固的作用,要求轴向定位正确,保证一定的弹簧压缩量,使密封副的密封面处于正确的位置并保持良好的贴合;同时要求拆装方便、容易就位、能重复利用。其与辅助密封配合处,安装密封圈要有导向倒角和压弹量,应特别注意动环辅助密封件与轴套配合处要耐磨损和耐腐蚀,有必要时与轴套配合处可采用硬面覆层。

三、机械密封的主要性能参数

1. 端面比压

端面比压是指作用在密封环上单位面积上净剩的闭合力,符号为 p_c,单位为 MPa。端面比压可根据作用在补偿环上的力平衡来确定,主要取决于密封的结构形式和介质压力。端面比压大小是否合适对泵密封性能和使用寿命影响很大。

(1)为使密封端面始终紧密贴合,端面比压必须为正值,即 $p_c>0$。

(2)端面比压不能小于端面间温度升高时的密封流体或冲洗介质的饱和蒸气压,否则会导致液态的流体膜汽化,使磨损加剧,密封失效。

(3)端面比压是决定密封端面间存在液膜的重要条件,因此一般不宜过大,以避免液膜汽化、磨损加剧;当然,漏量角度考虑也不宜过小,以防止密封性能变差。

2. 端面摩擦热及功率消耗

机械密封在运行过程中,不仅摩擦副因摩擦生热,而且旋转组件与流体摩擦也会生热。摩擦热不仅会使密封环产生热变形而影响密封性能,同时还会使密封端面间液膜汽化,导致摩擦工况的恶化,密封端面产生急剧磨损,甚至密封失效。

机械密封的功率消耗包括密封端面的摩擦功率和旋转组件对流体的搅拌功率。

3. pv 值

密封端面的摩擦功率取决于压力和速度,在工程上常用两者的乘积表示,即 pv 值。pv 值常被用作选择、使用和设计机械密封的重要参数。在实际中,由于所取压力不同,pv 值的含义和数值就不同,即表达的功能特性不同。

(1)工况 pv 值。它是密封腔工作压力与密封端面平均线速度的乘积,用以说明机械密封的使用条件、工况和工作难度。密封的工况 pv 值应小于该密封的最大允许工况 pv 值。产品样本或选用手册中所给出的 pv 值一般即最大允许工况 pv 值,该值也是密封技术水平的体现。

(2)工作 $p_c v$ 值。它是端面比压 p_c 与密封端面平均线速度 v 的乘积,表示密封端面实际工作状态。端面的发热量和摩擦功率直接与 $p_c v$ 值成正比。该值过大时会引起端面液膜的强烈汽化或使边界膜失向(破坏了极性分子的定向排列)而造成吸附膜脱落,结果导致端面摩擦副直接接触产生急剧磨损。它是设计时需要考虑的一个重要指标,其值必须小于许用 $[p_c v]$ 值。

(3)许用 $[p_c v]$ 值。它是极限 $(p_c v)$ 除以安全系数获得的数值。所谓极限 $(p_c v)$ 是指密封失效时达到的 $p_c v$,它是密封技术发展水平的重要标志。不同材料组合具有不同的许用 $[p_c v]$ 值,表 2-2 所列为常用摩擦副材料的许用 $[p_c v]$ 值,它是以密封端面磨损速度小于或等于 0.4 μm/h 为前提的试验结果。

表 2-2 常用摩擦副材料的许用 $[p_c v]$ 值

摩擦副	SiC-石墨	SiC-SiC	WC-石墨	WC-WC	WC-填充四氟	WC-青铜	Al_2O_3-石墨	Cr_2O_3涂层-石墨
$[p_c v]$/(MPa·m·s^{-1})	18	14.5	7~15	4.4	5	2	3~7.5	15

4. 泄漏率

机械密封的泄漏率是指单位时间内通过主密封和辅助密封泄漏的流体总量,是评定密封性能的主要参数。所有正常运转的机械密封都有一定泄漏,所谓"零泄漏"是指用现有仪器测量不到的泄漏率,实际上也有微量的泄漏。

5. 磨损量

磨损量是指机械密封运转一定时间后,密封端面在轴向长度上的磨损值。磨损量的大小要满足机械密封使用寿命的要求。《机械密封 技术条件》(JB/T 4127.1—1999)规定:以清水为介质进行试验,运转 100 h 软质材料的密封环磨损量不大于 0.02 mm。

6. 使用寿命

机械密封的使用寿命是指机械密封从开始工作到失效累积运行的时间。机械密封很少是由于长时间磨损而失效的,其他因素则往往能导致其过早失效。密封的有效工作时间在很大程度上取决于应用情况。《机械密封 技术条件》(JB/T 4127.1—1999)规定:在选型合理、安装使用正确的情况下,被密封介质为清水、油类及类似介质时,机械密封的使用期一般不少于 1 年;被密封介质为腐蚀性介质时,机械密封的使用期一般为 6 个月到 1 年;但在使用条件苛刻时不受此限。

可从以下几个方面延长机械密封的使用寿命。

(1)在密封腔中建立适宜的工作环境,如有效地控制温度,排除固体颗粒,在密封端面间形成有效液膜(在必要时应采用双端面密封和封液)。

(2)满足密封的技术规范要求。

(3)采用具有刚性壳体、刚性轴、高质量支承系统的机泵。

(4)符合机械密封主要零件的技术要求。

四、机械密封的技术要求

1. 机械密封的自由度

机械密封有三个自由度,即轴向移动、径向移动及绕轴转动。控制三个自由度的主要措施是提高机械密封的安装精度。机械密封安装中,端面平直度与转轴轴线的垂直度最为重要。这常常是造成机械密封泄漏的主要原因之一。

2. 密封的振动

机械密封的泄漏大部分是从摩擦副面泄漏和密封圈泄漏的,所以有必要检查轴与密封腔、密封压盖、轴套等的一系列安装精度和加工精度。

(1)轴的直线度一般不大于 0.05 mm。

(2)轴对密封腔的水平窜动(指多段泵安装后)用打表法完成。

(3)密封轴套与轴间隙 δ 为 0.04~0.06 mm(指机械密封)。

(4)轴的偏心:利用抬轴法检查,当读数大于 0.05 mm,表明轴承发生磨损。

(5)联轴器找正:主要是驱动端与轴间的找正,应定期检查,这是很重要的。

(6)热态和冷态找正的检查,特别是泵的流体温度高于 80 ℃ 且运转几个小时以后,一旦停车应立即找正检查,如有必要须重新找正。

(7)密封零件:无论从制造精度上和安装精度上,对密封零件的要求都很严格,安装不当会影响机械密封的性能,更有甚者会导致密封失效,因此,必须在安装中对其加以特别的注意。

(8)安装前的准备工作及注意事项:检查机械密封型号、规格,特别是机械密封的质量是否合格。

(9)静环尾部与防转销顶部应保证有 1~2 mm 的间隙,以免缓冲失效;检查弹簧旋向,弹簧旋向应与轴的旋向相同,如果方向搞错,传动就会失败。

(10)机械密封在正常工作状态下的安装尺寸:检查机械密封的安装尺寸是否与图纸一致,检查压缩长度允差一般在±0.5 mm。

(11)压盖:压盖螺钉不能拧得太紧,以免发生静环变形,造成泄漏。这一点很重要,如果有 4 个螺钉最好按 1,3,4,2 的顺序拧紧。

(12)弹簧压缩量一定要按规定进行,不允许有过大或过小的现象。误差允许±2 mm(指大弹簧密封),小弹簧密封和波纹管密封误差允许±0.5 mm。弹簧旋向应与轴转动方向一致。

(13)动环安装后必须保证能在轴上或轴套上灵活移动。为了使转子平衡运转时不产生较大的振动，安装时应注意：转子的径向跳动；叶轮口环不超过 0.06~0.10 mm；轴套等部位不超过 0.04~0.06 mm；叶轮找平衡。

(14)密封箱与轴的同轴度：0.10 mm。

(15)密封箱与轴的垂直度轴度：0.10 mm。

(16)转子的轴向窜动：0.30 mm。

(17)压盖与密封腔配合支口同轴度：0.10 mm。

(18)工作温度下泵与电机的同轴度：轴向 0.08 mm，径向 0.10 mm。

五、机械密封的故障分析及质量要求

1. 机械密封的故障分析方法

(1)机械密封故障分析的必要性。国内外的统计结果表明，机械密封故障占离心泵故障的 50%~70%，机械密封故障中老化性故障占 10%~30%，绝大部分属于事故性故障。因此，事故性故障是分析研究故障的主要对象。

(2)做好故障分析。进行故障分析的人员要具备两个条件：一是有一定的基础知识，二是有丰富的实践经验。此外，还要热爱本职工作，深入现场，亲自开展故障分析。

(3)做好机泵维修记录和故障分析记录。应建立机泵运转台账、机泵维修台账和密封故障登记等记录表，按时、准确地记录维修台账及密封失效现象、失效部位、失效时间及寿命、原因分析和改进措施。

(4)资料收集。要正确地判断来源，进行周密的调查研究。这个调查过程就是对现场状况询问、观察、检查及必要的测试，即收集现场资料（包括对历史维修记录及设备档案资料的了解和研究），还要注意资料的真实性和完整性，深入细致地进行现场观察，防止主观臆断和片面性。

(5)综合分析。它是指对资料归纳整理，抓住主要问题，做出初步诊断。在维修实践中验证诊断。可见，对故障的认识需要经过实践、认识、再实践、再认识的过程。现场工作人员只有通过反复的维修实践，在技术上精益求精，才能不断提高对故障的认识。在分析故障时要做好记录、保存好损坏的密封件。一般机械密封故障分析时常见的外部情况也可直接校正或最后作为故障诊断的方向。

密封拆卸时保持零件的原貌，不要损坏。分析和检查全部零件，清洗后再检查磨损情况。故障分析的主要内容就是通过对摩擦副（或磨损）痕迹、磨损程度、位置大小的分析确定事故原因并制定改进措施。

2. 一般故障诊断的方法——目测检查和故障判断

通常，诊断失效原因最好从目测检查开始，一旦原因确定，有效解决办法通常也就清楚了。必须注意：若征兆或迹象在拆卸时丢掉，就无法追回。为了避免关键信息丢失，

应注意几项失效模式：① 外部征兆；② 拆卸前的检查结果；③ 拆卸后的检查结果；④ 各密封元件的目测检查结果。

故障分析主要是通过诊断（经验的和检测的）确定故障的部位，再经过调整或修换进行排除。正确的诊断是预防和排除故障的基础。诊断是维修人员将通过现场观察、询问、检查及必要测试所收集的资料进行综合、分析、推理和判断，对设备的故障做出合乎实际的结论的过程，也是透过故障的现象去探索故障的本质，从感性认识提高到理性认识，又从理性认识再回到维修实践中去的反复认识的过程。

六、机械密封的冲洗和冷却

1. 机械密封的冲洗

机械密封的冲洗是一种控制温度、延长机械密封寿命的最有效措施。冲洗的目的在于带走热量、降低密封腔温度、防止液膜汽化、改善润滑条件、防止干运转、防止杂质集积和气囊形成。

2. 冲洗方式

冲洗实际上是直接冷却的方法，根据冲洗液的来源和走向，冲洗可分为外冲洗、自冲洗和循环冲洗。

（1）外冲洗。利用外来冲洗液注入密封腔，实现对密封的冲洗称为外冲洗，如图2-20(a)所示。冲洗液应是与被密封介质相溶的洁净液体，冲洗液的压力应比密封腔内压力高0.05~0.10 MPa。这种冲洗方式用于被密封介质温度较高、容易汽化、腐蚀性强、杂质含量较高的场合。

（2）自冲洗。利用被密封介质本身来实现对密封的冲洗称为自冲洗，适用于密封腔内的压力小于泵出口压力而大于泵进口压力的场合。具体有正冲洗、反冲洗和全冲洗。

① 正冲洗。利用泵内部压力较高处（通常是泵出口）的液体作为冲洗液来冲洗密封腔，如图2-20(b)所示。这是最常用的冲洗方法。为了控制冲洗量，要求密封腔底部有节流衬套，管路上装孔板。

② 反冲洗。从密封腔引出密封介质返回泵内压力较低处（通常是泵入口处），利用密封介质自身循环冲洗密封腔，如图2-20(c)所示。这种方法常用于密封腔压力与排出压力差极小的场合。

③ 全冲洗。从泵高压侧（泵出口）引入密封介质，又从密封腔引出密封介质返回泵的低压侧进行循环冲洗，如图2-20(d)所示。这种冲洗又叫贯穿冲洗。对于低沸点液体，要求在密封腔底部装节流衬套，控制并维持密封腔压力。

（3）循环冲洗。利用循环轮（套）、压力差、热虹吸等原理实现冲洗液循环使用的冲洗方式。图2-20(e)为利用装在轴（轴套）上的循环轮的泵送作用，使密封腔内介质进行循环，带走热量。此法适用于泵的进出口压差很小的场合，一般被热水泵采用，可以降低密封腔和轴封的温度。

冲洗液的注入位置应尽可能设在使冲洗液能够直接射到密封端面处。

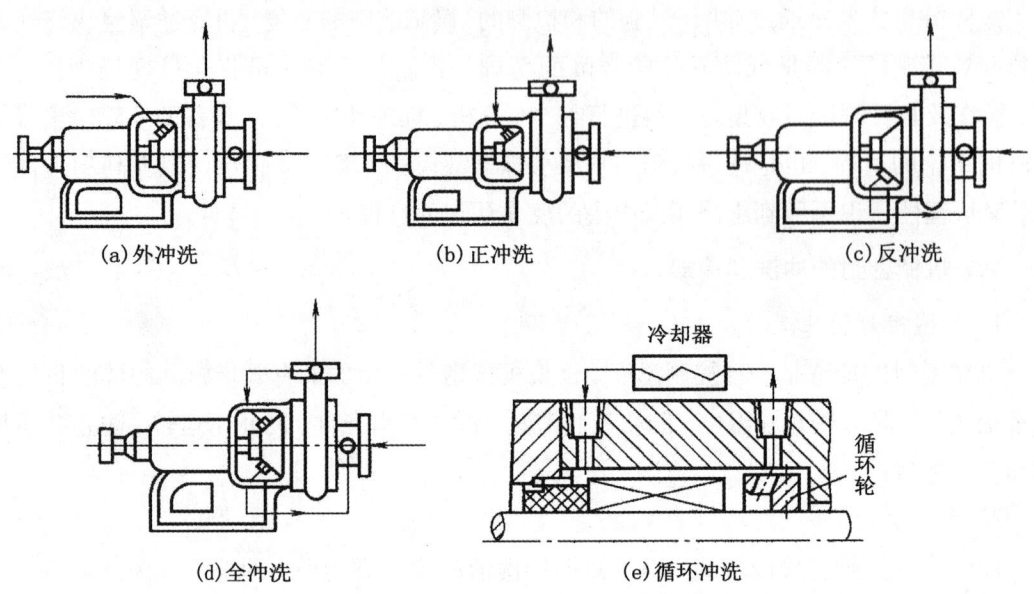

图 2-20 机械密封的冲洗方式

（4）两向冲洗。对于双支承泵可采用两向冲洗，出口端密封腔压力高于入口端密封的压力，将两端密封腔连接起来，对泵的出口端是反向冲洗、泵的入口端是正向冲洗，故称为两向冲洗。

3. 机械密封的冷却

冷却的目的就是去热降温。冷却的方式有直接冷却和间接冷却。前面介绍的冲洗实质上是一种直接冷却的方式，间接冷却的效果比直接冷却要差一些，但是对冷却液要求不高。间接冷却的方法有密封腔夹套、压盖夹套、静环夹套。背冷是一种将冷却剂（水、油等）直接从静环背面冷却静环的冷却方式。其冷却效果良好，能直接迅速冷却静环背面，又叫急冷。它通常与冲洗方式结合使用。凝固性强、易结晶的液体都采用蒸汽，另一种是冷却流体进入密封腔冷却密封端面，显而易见这就是前面提到的各种冲洗。

七、机械密封的质量检查

高质量的机械密封必有良好的密封性能，且泄漏量小，使用耐久性强。

（1）对机械密封的质量检查。首先检查密封动环、静环的平直度，一般机械密封的平面的平直度应在 0.0006~0.0009 mm。光学平晶镜检查 2~3 个干涉带，如果不合格，必须研磨平后才可使用。动环、静环两端面平行度在 0.02~0.03 mm。

（2）对密封弹簧的质量检查。检查弹簧的高度是否符合设计要求，同一密封小弹簧自由高度差不大于 0.5 mm。两面磨平后，放在平板上不允许摇动。

(3)对波纹管密封的质量检查。主要是外观及尺寸的检查:焊缝应无熔合及气孔等缺陷;焊缝光滑均匀,应无明显的焊瘤。波纹管的平行度在 0.5 mm,刚度值经弹簧测试机检查在 190~250 N 之间,这样才能保证密封的端面比压。

(4)对机械密封圈的检查。橡胶圈截面圆整,表面光滑,无凹凸不平等缺陷。

八、机械密封的试车和运行

如果要求机械密封不仅有理想的使用寿命,而且有最小的泄漏率,就要对密封进行精心的设计和安装,而且还要有正确的试车程序、操作规程和操作规范。试车的主要目的是确保密封在开车时不会出现干摩擦现象,以便在运转中建立起良好的润滑状态。

项目三　离心泵整体安装

【学习目标】

1. 知识目标
(1)了解设备基础和土建知识。
(2)掌握小型设备的搬运方法。
(3)掌握水平仪的正确使用方法及垫片的摆放方法。
(4)掌握小型设备的搬运方法。
(5)掌握百分表的正确使用方法。
(6)根据测绘的间隙数据进行计算,确定调整量的大小。
2. 能力目标
(1)能熟练使用安装和测量工具对底座进行水平测试。
(2)能熟练使用安装工具调整底座和泵体的位置。
(3)能熟练使用安装和运输工具将电动机运送到位。
(4)能根据现场的测量数据进行熟练计算。
(5)能熟练使用安装和测量工具对泵体和电动机进行对中调整。
3. 素质目标
(1)培养学生在泵安装过程中的安全操作和文明安装意识。
(2)培养学生在泵安装过程中的团队协作意识和吃苦耐劳精神。
(2)培养学生在联轴器找正过程中的团队协作意识和吃苦耐劳精神。

【任务描述】

生产车间新购进一台小型离心泵,根据工艺要求,已经确定了安装位置,并已经打好基础,要求工程技术人员将离心泵底座和泵体安装到位。

泵体和底座已经安装到位,要进行电动机的安装,要求工程技术人员将电动机与离心泵通过联轴器连接到一起。安装过程中,为了确保泵体与电动机完全同轴,要对联轴器进行找正;联轴器对中后坚固螺栓,安装完毕。

任务一　底座和泵体的安装

机泵的整体安装施工工序一般如图 3-1 所示。

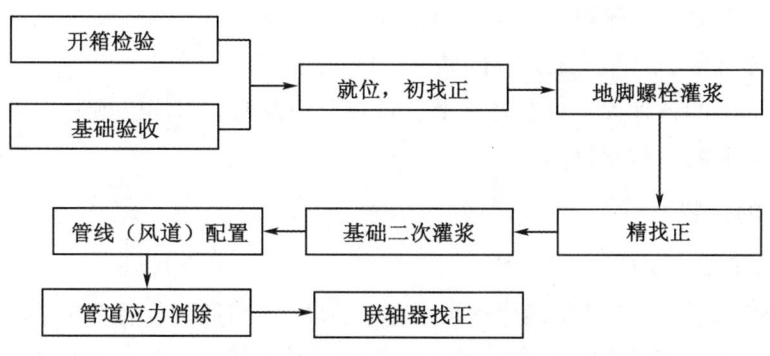

图 3-1　机泵安装施工工序

机泵安装的具体施工工艺及方法介绍如下。

一、泵安装前的准备

1. 化工泵安装前应具备的技术资料

(1) 泵的出厂合格证明书。

(2) 制造厂提供的有关重要零件和部件的制造、装配等质量检验证书及机器的试运转记录。

(3) 泵与设备安装平面布置图、安装图、基础图、总装配图、主要部件图、易损零件图及安装使用说明书等。

(4) 泵的装箱清单。

(5) 有关的安装规范及安装技术要求或方案。

2. 开箱检验及管理

泵的开箱检验应在有关人员的参与下，按照装箱清单进行，其内容如下：

(1) 核对泵的名称、型号、规格及包装箱号、箱数，并检查包装情况；

(2) 检查随机技术资料及专用工具是否齐全；

(3) 对主机、附属设备及零部件进行外观检查，并核实零部件的品种、规格、数量等；

(4) 检验后应提交有签证的检验记录。

泵和各零部件，若暂不安装，应采取适当的防护措施妥善保管，严防其变形、损坏、锈蚀、老化、错乱或丢失。凡与机器配套的电气、仪表等设备及配件，应由各专业人员进行验收，妥善保管。

3. 泵安装前施工现场应具备的条件

(1)土建工程已基本结束,即基础具备安装条件,基础附近的地下工程已基本完成,场地已平整。

(2)施工运输和消防道路畅通。

(3)施工用的照明、水源及电源已备齐。

(4)安装用的起重运输设备具备使用条件。

(5)备有零部件、配件及工具等的储存设施。

(6)机器周围的各种大型设备及其上方管廊上的大型管道均已吊装完毕。

(7)备有必要的消防器材。

二、底座的安装

1. 离心泵基础的制作

(1)基础的功用。由土建部门根据泵的底座的尺寸,按照强度要求制作基础,如图3-2所示。基础的功用主要有根据生产工艺的要求把机器及设备牢固地固定在一定的位置上(符合设计标准和中心线位置);承受机器及设备的全部质量和运行时的作用力所产生的负荷,并将其均匀地传递到土壤中去;吸收和隔离因动力作用所产生的振动,防止发生共振现象。

图3-2 泵的基础

(2)质量检查及验收。根据上述功用,要求基础必须有足够的强度、刚度和稳定性,耐介质的腐蚀,不发生下沉、偏斜和倾覆,同时又要节省材料及费用。基础质量差不仅影响机器及设备的正常运行,使机器及设备的寿命缩短,而且可能危及厂房的安全。

为了确保机器在基础上正常工作,避免由于机器运转时所产生的惯性力的影响导致基础发生沉陷,在安装机器前,一定要对基础进行预压试压,预压时间为70~120 h,加在基础上的预压力应为机器质量的1.5~1.7倍。为了使基础混凝土达到预定的强度,基础浇灌完毕后不允许立即进行机器的安装,而应至少"保养"7天(以7~14天为宜);当机器在基础上面安装完毕后,应至少经过15天(以15~30天为宜)后才能进行机器的试运转。如果需要提前进行机器试运转,必须在基础施工阶段采取必要的措施或者采用快干水泥。

在安装机器及设备前，应严格进行基础质量的检查和验收工作，保证安装质量，缩短安装工期，并尽可能避免在安装过程中对基础某些部分做额外的补修工作。

当基础建成后，土建部门在交出基础给安装部门时，必须附有基础的形状及主要几何尺寸的实测图表、基础坐标的实测图表、基础标高的实测图表、基础沉陷的观测记录和基础质量合格证的交接证书等技术文件。

基础验收的具体工作就是根据图纸和技术规范，对基础工程进行全面的检查。在基础外观方面，要求不得存在裂缝、蜂窝、空洞、漏筋等缺陷，如发现缺陷应立即予以处理。其他验收内容还包括基础的外形尺寸、空间位置和强度、地脚螺栓预埋情况或预留孔位置、防振隔振措施等。化工机械的基础的尺寸和位置、质量要求见表3-1。

表3-1 基础尺寸和位置、质量要求　　　　　　　　单位：mm

项数	项目	允许偏差值
1	基础坐标位置（纵、横轴线）	±20
2	基础各不同平面的标高	−20
3	基础平面外形尺寸 凸台上平面外形尺寸 凹穴尺寸	±20 −20 ±20
4	平面水平度（包括地坪上需安装设备部分）： 每米 全长	 5 10
5	垂直度： 每米 全高	 5 10
6	预埋地脚螺栓： 标高（顶部） 中心距（在根部和顶部两处测量）	 ±20 ±2
7	预留地脚螺栓孔： 中心位置 深度 孔壁的垂直度	 ±10 ±20 10
8	预埋活动地脚螺栓锚板： 标高 中心位置 水平度（带槽的锚板） 水平度（带螺纹孔的锚板）	 ±20 ±5 5 2

2. 机座安装

(1) 铲麻面。基础验收后，在设备安装前，应在基础的上表面(除放垫铁的地方外)铲出一些小坑，这项工作就称为铲麻面。铲麻面的目的是使二次灌浆时浇灌的混凝土或水泥砂浆能与基础紧密地结合起来，从而保证机器及设备的稳固。铲麻面的方法有手工法和风铲法两种。铲麻面的质量要求是每 100 cm² 内应有 5~6 个直径为 10~20 mm 的小坑。

(2) 放垫铁。在安装机器及设备前，必须在基础上放垫铁。安放垫铁处的基础表面必须铲平，使垫铁与基础表面能很好地接触。

安放垫铁时，可以采用标准垫法（在每一个地脚螺栓两侧各放一组垫铁）、井字垫法、十字垫法、单侧垫法和辅助垫法（在两组垫铁之间加放一组辅助垫铁）等，这些垫法如图 3-3 所示。垫铁的面积、组数和放置方法应根据机器及设备的质量和底座面积的大小来确定。放置垫铁应遵守下列原则。

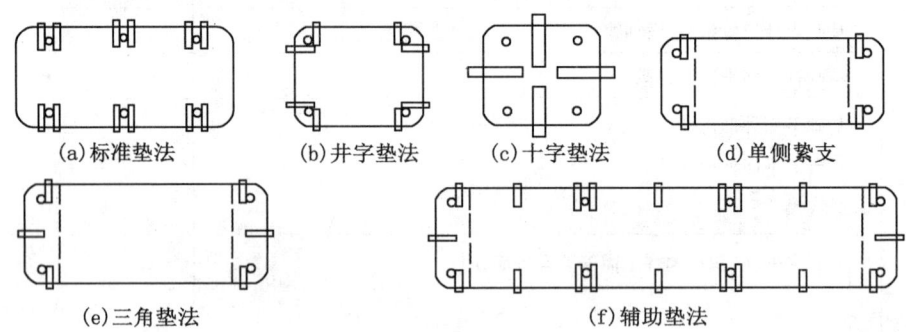

图 3-3 垫铁的摆放方法

① 每个地脚螺栓旁至少应有一组垫铁。相邻两垫铁组的距离一般应保持在 500 mm 以内；垫铁组在能放稳和不影响灌浆的情况下应尽量靠近地脚螺栓，如图 3-4 所示。

图 3-4 垫铁的实际摆放位置

② 每一组垫铁内，应将厚垫铁放在下面、薄垫铁放在上面，最薄的垫铁应夹在中间，以免发生翘曲变形；同一组垫铁的几何尺寸要相同，同时斜垫铁放在最上面，斜垫铁下面应有平垫铁。

③ 不承受主要负荷的垫铁组使用成对斜垫铁(即把两块斜度相同而斜向相反的斜垫铁沿斜面贴合在一起使用),找平后用电焊焊牢。

④ 承受主要负荷并在设备运行时产生较强连续振动的垫铁组不应采用斜垫铁,只能采用平垫铁。

⑤ 每组垫铁应放置整齐、平稳,保证接触良好。设备找平后,每一组垫铁均应被压紧,可用0.25 kg手锤逐组轻轻敲击,听音检查。

⑥ 设备找平后,垫铁应露出设备底座面外缘,平垫铁应露出25~30 mm,斜垫铁应露出25~30 mm;平垫铁伸入设备底座面的长度应超过地脚螺栓的中心。

⑦ 采用调节垫铁时,螺纹部分和调整块滑动面上应涂以润滑脂,找平后,调整块应留有可继续升高的余量。

(3)安装机座。安装机座时,先将机座吊放到垫铁上,然后进行找正和找平。

① 机座的找正。机座找正时,可在基础上标出纵、横中心线或在基础上用钢丝线架拉好纵、横两条中心线钢丝,然后以此线为准找好机座的中心线,使机座的中心线与基础的中心线重合。

② 机座的找平。机座找平时,一般采用三点找平法。首先在机座的一端垫好需要高度的垫铁,同样在机座的另一端地脚螺栓1和2的两旁放置需要高度的垫铁,如图3-5中的b_1,b_2,b_3,b_4;然后用长水平仪在机座的上表面上找平,当机座在纵、横两个方向均为水平后,拧紧地脚螺栓1和2;最后在地脚螺栓3和4的两旁加入垫铁,并同样进行找平,找平后再拧紧地脚螺栓3和4,机座安装完毕。

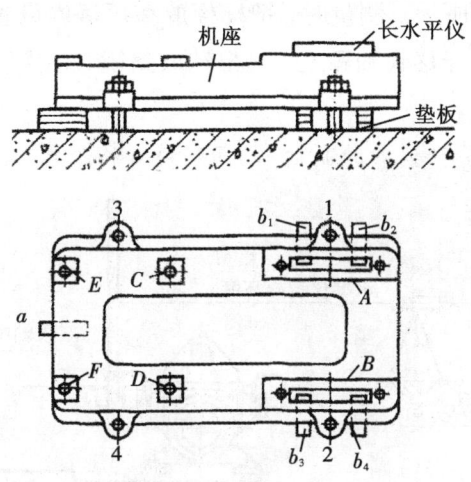

图3-5 用三点找平法安装机座

在机座表面上测水平时,水平仪应放在机座的已加工表面上进行,即在图3-5中的A,B,C,D,E,F等处;在互相垂直的两个方向上用水平仪进行测量,需将水平仪正、反地测量两次,取两次的平均读数作为真正的水平度的读数。

三、泵体的安装

机座安装好后,一般先安装泵体,然后以泵体为基准安装电动机。因为一般的泵体比电动机重,而且它要与其他设备用的管路相互连接。当其他设备安装好后,泵体的位置也就确定了,而电动机的位置则可根据泵体的位置来做适当的调整。

离心泵泵体的安装步骤如下。

1. 离心泵泵体的吊装

对于小型泵,可用2~4人抬起放到基座上。对于中型泵,可利用拖运架和滚杠在斜面上滚动的方法来运输和安装。对于大中型泵,可利用人字木起重架进行吊装,有时也利用单木起重杆和其他滑轮组配合来进行吊装。此外,还可利用厂房内或基础上空原有的起重机械(如桥式起重机、电动葫芦等)将泵直接吊装到基础上。吊装时,应将吊索捆绑在泵体的下部,不得捆绑在轴或轴承上。

2. 离心泵泵体的测量和调整

离心泵泵体的测量与调整包括找正、找标高及找平三个方面。

(1)找正。即找正泵体的纵、横中心线。泵体的纵向中心线以泵轴中心线为准,横向中心线以出口管的中心线为准。在找正时,要按照已装好的设备中心线(或基础和墙柱的中心线)来进行测量和调整,使泵体的纵、横中心线符合图纸的要求,并与其他设备很好地连接。泵体的纵、横中心线按图纸尺寸允许偏差为±5 mm。

(2)找标高。泵的标高是以泵轴的中心线为准。找标高时一般都用水准仪来进行测量,其测量方法如图3-6所示。测量时,把标杆放在厂房内设置的基准点上,测出水准仪的镜心高度,然后将标杆移到轴颈上,测出轴面到镜心的距离,然后便可按下式计算出泵轴中心线的标高:

泵轴中心的标高=(镜心的高度-轴面到镜心的距离-泵轴的直径)/2

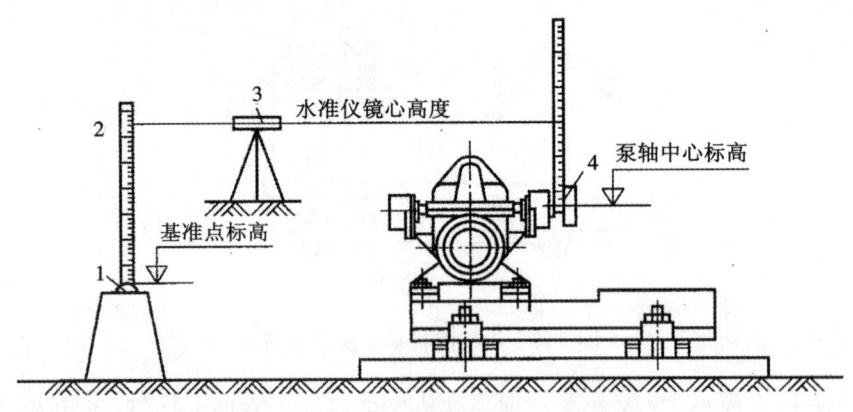

图3-6 用水准仪测量泵轴中心的标高

1—基准点;2—标杆;3—水准仪;4—泵轴

标高的调整也是用增减泵体的支脚与机座之间的垫片来完成的。泵轴中心标高的允许偏差为±10 mm。

（3）找平。泵体的中心线位置及标高找好后，便开始调整泵体的水平。用精度为0.05 mm/m的方水平仪在泵体前后两端的轴颈上进行测量。可通过在泵体支脚与机座之间加、减薄铁皮来调整水平。泵体的水平允许偏差一般为0.3~0.5 mm/m。

泵体的中心线位置、标高和水平度找好后，便可把泵体与机座的连接螺栓拧紧，然后再用水平仪检查其水平是否有变动，如果没有变动，便可进行电动机的安装。

四、电动机的安装

安装电动机的主要工作就是把电动机轴的中心线调整到与离心泵轴的中心线在一条直线上。离心泵与电动机的轴是用各种联轴器连接在一起的，所以电动机的安装工作主要就是联轴器的找正。具体的找正方法将在"任务二　联轴器找正"中介绍。

离心泵和电动机的两个半联轴器之间必须有轴向间隙，其作用是防止离心泵泵轴的窜动传到电动机的轴上，或电动机轴的窜动传到离心泵的轴上。因此，这个间隙必须有一定的大小，一般要大于离心泵轴和电动机轴的窜动量之和。通常图纸上对此间隙都有规定，如图纸上无此规定，则可参照下列数字进行调整：小型离心泵为2~4 mm，中型离心泵为4~5 mm，大型离心泵为4~8 mm。泵体和电动机安装完成后的状态如图3-7所示。

图3-7　泵体和电动机安装完成图

五、二次灌浆

离心泵和电动机完全装好后，就可进行二次灌浆。待二次灌浆时的水泥砂浆硬化后，须再校正一次联轴器的中心，看是否有变动，并做记录。

六、地脚螺栓和垫铁

1. 地脚螺栓的作用

地脚螺栓的作用是将机器和设备牢固地连接起来，防止机器和设备工作时发生移动和倾覆，并将机器在运行时所产生的不平衡力和振动传到基础上。

地脚螺栓、螺母和垫圈通常随机器和设备配套供应，并在机器设备说明书中有明确规定。通常情况下，每个地脚螺栓应根据标准配置一个垫圈和一个螺母；但对于振动剧烈的机器,应安装锁紧螺母或双螺母。

2. 地脚螺栓的分类

根据地脚螺栓的长度,可将其分成短地脚螺栓和长地脚螺栓两类。短地脚螺栓用来固定质量较轻的、没有剧烈振动和冲击的设备,其长度为 100~1000 mm。长地脚螺栓用来固定质量较重的、有剧烈振动和冲击的设备,其长度为 1~4 m。

3. 垫铁的作用

垫铁用于调整泵的标高、水平度,使其达到要求值和使基座高出基础一定距离,便于二次灌浆。垫铁还可增加泵在基础上的稳定性,使泵的重量及运转过程中产生的惯性力均匀地传给基础。

4. 垫铁的种类和规格

垫铁的种类很多,按照垫铁的材料来分,可分为铸铁垫铁(厚度在 20 mm 以上)和钢板垫铁(厚度在 0.3~20 mm)两种;按照垫铁的形状来分,可分为平垫铁、斜垫铁、钩头斜垫铁、开口垫铁和调节垫铁五种,如图 3-8 所示。中小型机器及设备的平垫板和斜垫板的尺寸可根据机器及设备的质量从表 3-2 和表 3-3 中选择。

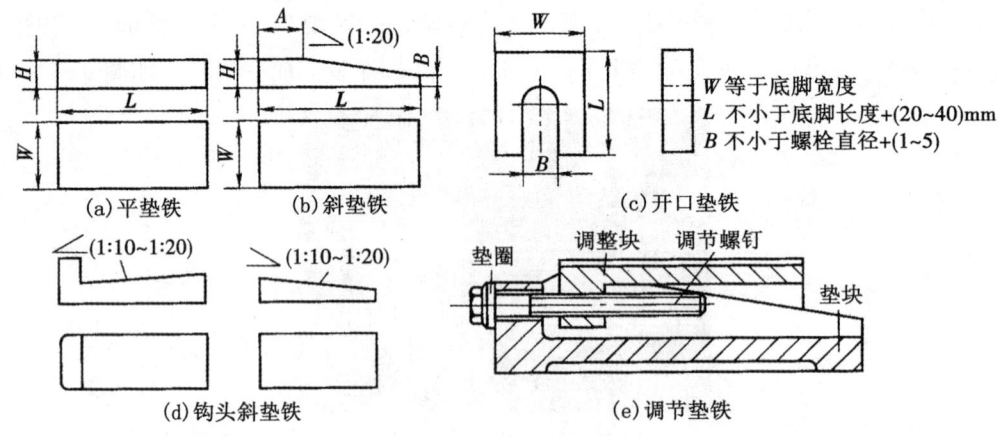

图 3-8 垫铁的种类

表 3-2 中小型机器及设备的平板垫铁的尺寸   单位:mm

编号	L	W	H	使用范围
1	110	70	3, 6, 9, 12, 15, 25, 40	5 吨以下的机器设备,20~35 mm 直径的地脚螺栓
2	135	80	3, 6, 9, 12, 15, 25, 40	5 吨以上的机器设备,35~50 mm 直径的地脚螺栓
3	150	100	25, 40	5 吨以上的机器设备,35~50 mm 直径的地脚螺栓

注:1. 垫铁一般都放在地脚螺栓两侧,如垫铁只放在地脚螺栓一侧,则应按地脚螺栓直径选用大一号的尺寸。
2. 为了精确地调整水平和标高,还采用厚度为 0.3、0.5、1、2 mm 的薄钢板,最上面一块垫铁的厚度应不小于 1 mm。

表 3-3 中小型机器及设备的斜垫铁的尺寸　　　　　　　　　　单位：mm

编号	L	W	H	B	A	使用范围
1	100	60	13	5	5	5 吨以下的机器设备，20~35 mm 直径的地脚螺栓
2	120	75	15	6	10	5 吨以上的机器设备，35~50 mm 直径的地脚螺栓

任务二　联轴器找正

联轴器俗称靠背轮或对轮，是用来连接主动轴和从动轴的一种特殊装置，是保证泵正常运转并传递原动机的运动和动力的关键零件，在安装时易发生轴向位移、角位移和综合位移，因此在安装时要会测量各种位移，并会进行调整。联轴器可以分为固定式（刚性）联轴器和可移式（弹性）联轴器两大类。

固定式联轴器所连接的两根轴的旋转中心线应该保持严格的同轴，所以联轴器在安装时必须很精确地找正、对中，否则将会在轴和联轴器中引起很大的应力，并将严重影响轴、轴承和轴上其他零件的正常工作，甚至会引起整台机器和基础的振动，严重时甚至会使机器和基础发生损坏事故。

可移式联轴器则允许两轴的旋转中心线有一定程度的偏移，这样，机器的安装就要容易得多。

联轴器的找正是安装和修理过程中的一项很重要的装配工作。

一、联轴器偏移情况的分析

在安装新机器时，由于联轴器与轴之间的垂直度一般不会有太大的问题，所以可以不必检查。但在安装旧机器时，联轴器与轴之间的垂直度一定要仔细检查，发现不垂直时要调整垂直后再找正。电动机安装时，联轴器在轴向和径向会出现偏差或倾斜，找正联轴器时，垂直面内一般可能遇到如图 3-9 所示的四种情况。

(1) $S_1 = S_3$，$a_1 = a_3$，如图 3-9(a) 所示。这表示两个半联轴器的端面互相平行，主动轴和从动轴的中心线又同在一条水平直线上。这时两个半联轴器处于正确的位置。此处 S_1，S_3 和 a_1，a_3 表示在联轴器上方(0°)和下方(180°)两个位置上的轴向间隙和径向间隙。

(2) $S_1 = S_3$，$a_1 \neq a_3$，如图 3-9(b) 所示。这表示两个半联轴器的端面互相平行，两轴的中心线不同轴。这时两轴的中心线之间的径向位移（偏心距）$e = (a_3 - a_1)/2$。

(3) $S_1 \neq S_3$，$a_1 = a_3$，如图 3-9(c) 所示。这表示两个半联轴器的端面互相不平行，两轴的中心线相交，其交点正好落在主动轴的半联轴器的中心点上。这时两轴的中心线之间有倾斜的角位移（倾斜角）α。

(4) $S_1 \neq S_3$，$a_1 \neq a_3$，如图 3-9(d) 所示。这表示两个半联轴器的端面互相不平行，两

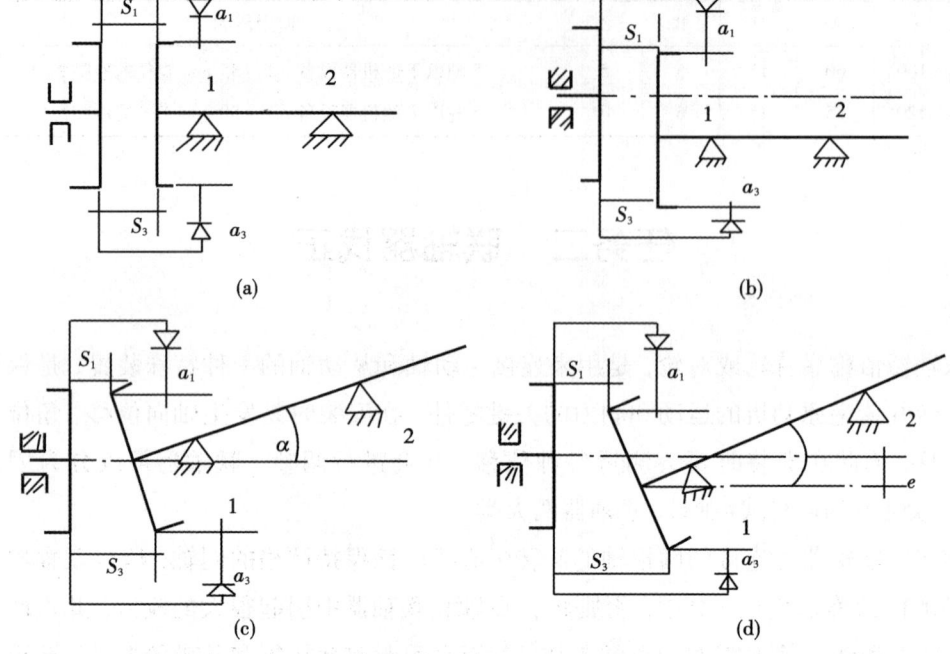

图 3-9 联轴器找正时可能遇到的四种情况

轴的中心线的交点又不落在主动轴半联轴器的中心点上。这时两轴的中心线之间既有径向位移,又有角位移。

表 3-4 电动机联轴器偏移的分析

a	b	c	d
$a_1 = a_3$	$a_1 \neq a_3$	$a_1 = a_3$	$a_1 \neq a_3$
两轴同心	两轴不同心	两轴同心	两轴不同心
$S_1 = S_2$	$S_1 = S_2$	$S_1 \neq S_3$	$S_1 \neq S_3$
两轴平行	两轴平行	两轴不平行	两轴不平行

联轴器处于 b、c、d 三种情况时都不正确,均需要进行找正,直到获得 a 所示正确的情况为止。安装电动机时,一般是在电动机中心位置固定并调整完水平之后,再进行联轴器的找正。通过测量与计算,分析偏差情况,调整电动机轴中心位置以达到主动轴与从动轴既同心、又平行。

二、联轴器找正时的测量

联轴器在找正时主要测量其径向位移(或径向间隙)和角位移(或轴向间隙)。

(1) 用角尺和塞尺测量联轴器外圆各方位上的径向偏差,如图 3-10 所示。用塞尺测量两个半联轴器端面间的轴向间隙偏差,通过分析和调整,使两轴对中。这种方法操作简单,但精度不高,对中误差较大,只适用于电动机转速较低、对中要求不高的联轴器的安装测量。

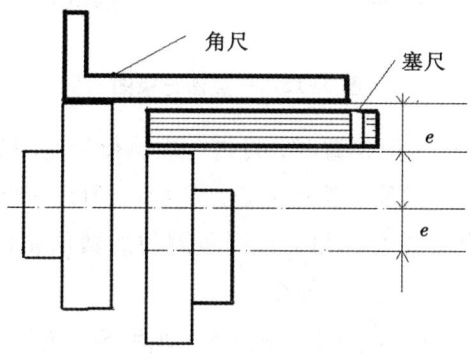

图 3-10　角尺和塞尺的测量方法

(2) 利用中心卡及千分表测量联轴器的径向间隙和轴向间隙。因为用了精度较高的千分表来测量径向间隙和轴向间隙,故此法的精度较高,适用于需要精确找正中心的精密机器和高速机器。这种找正测量方法操作方便,精度高,应用很广。

利用中心卡及千分表来测量联轴器的径向间隙和轴向间隙时,常用一点法来进行测量,如图 3-11 所示。所谓一点法是指在测量一个位置上的径向间隙时,同时又测量同一个位置上的轴向间隙。测量时,先装好中心卡,并使两个半联轴器向着相同的方向一起旋转,使中心卡首先位于上方垂直的位置(0°),用千分表测量出径向间隙 a_1 和轴向间隙 S_1;然后将两个半联轴器顺次转到 90°,180°,270°三个位置上,分别测量出 a_2,S_2,a_3,S_3,a_4,S_4。将测得的数值记在记录图中,如图 3-12 所示。

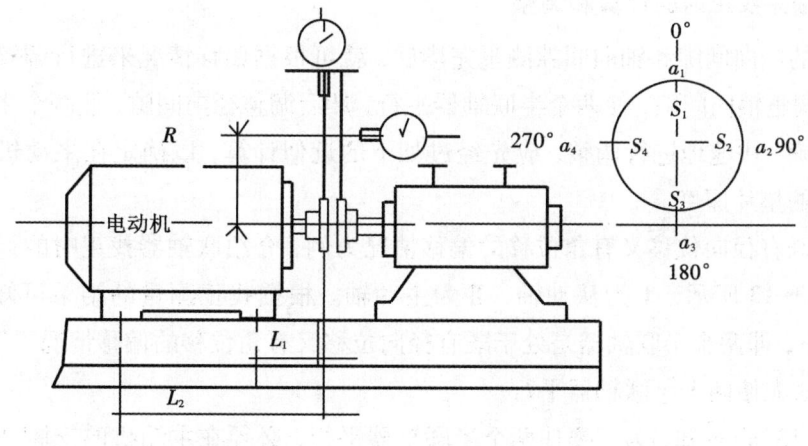

图 3-11　双表测量法(又称一点法)

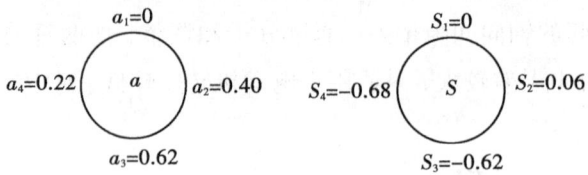

图3-12 一点法记录图

当两个半联轴器重新转到0°位置时,将再一次测得径向间隙和轴向间隙的数值记为 a_1',S_1'。此处数值应与 a_1,S_1 相等。若 $a_1' \neq a_1$,$S_1' \neq S_1$,则必须检查其产生的原因(轴向窜动)并予以消除,然后再继续进行测量,直到所测得的数值正确为止。在偏移不大的情况下,最后所测得的数据应该符合下列条件:

$$a_1 + a_3 = a_2 + a_4, \quad S_1 + S_3 = S_2 + S_4 \tag{3-1}$$

在测量过程中,如果由于基础的构造影响,使联轴器最低位置上的径向间隙 a_3 和轴向间隙 S_3 不能测到,则可根据其他三个已测得的间隙数值推算出来:

$$a_3 = a_2 + a_4 - a_1, \quad S_3 = S_2 + S_4 - S_1 \tag{3-2}$$

最后,比较对称点上的两个径向间隙和轴向间隙的数值(如 a_1 和 a_3,S_1 和 S_3),若对称点的数值相差不超过规定的数值,则认为符合要求,否则要进行调整。调整时通常采用在垂直方向加、减主动机支脚下面的垫片或在水平方向移动主动机位置的方法来实现。

对于粗糙和小型的机器,在调整时,根据偏移情况采取逐渐近似的经验方法来进行调整(即逐次试加或试减垫片,以及左右敲打、移动主动机)。对于精密的和大型的机器,在调整时,则应通过计算来确定应加或应减垫片的厚度及左、右的移动量。

三、联轴器找正时的计算和调整

联轴器的径向间隙和轴向间隙测量完毕后,就可根据偏移情况来进行调整。在调整时,一般先调整轴向间隙,使两个半联轴器平行,然后调整径向间隙,使两个半联轴节同轴。为了准确、快速地进行调整,应先经过如下的近似计算,以确定在主动机支脚下应加上或减去的垫片厚度。

现在以既有径向位移又有角位移的偏移情况为例,介绍联轴器找正时的计算及调整方法。如图3-13所示,Ⅰ为从动轴,Ⅱ为主动轴。根据找正测量的结果可知,这时的 $S_1 > S_3$,$a_1 > a_3$,即两个半联轴器是处于既有径向位移又有角位移的偏移情况。

步骤一:先使两个半联轴器平行。

由图3-13(a)可知,为了要使两个半联轴器平行,必须在主动机的支脚2下加上厚度为 x(mm)的垫片。此处 x 的数值可利用图上画有阴影线的两个相似三角形的比例关系算出,即由

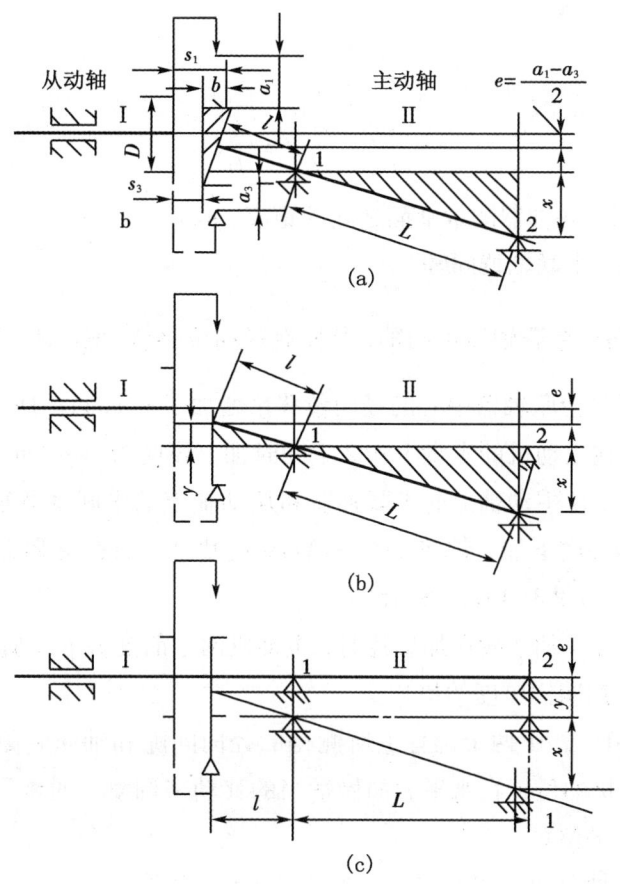

图 3-13 联轴器找正时的计算及调整方法

$$\frac{x}{L} = \frac{b}{D} \tag{3-3}$$

得

$$x = \frac{b}{D}L \tag{3-4}$$

式中，b——在 0°与 180°两个位置上测得的轴向间隙的差值（$b = S_1 - S_3$），mm；

D——联轴器的计算直径（应考虑到中心卡测量处大于联轴器直径的部分），mm；

L——主动机纵向两支脚间的距离，mm。

由于支脚 2 垫高了，而支脚 1 底下没有加垫，因此轴 Ⅱ 将会以支脚 1 为支点发生很小的转动，这时两个半联轴器的端面虽然平行了，但是主动轴上的半联轴器的中心却下降了 y(mm)，如图 3-13(b) 所示。此处 y 的数值同样可以利用图上画有阴影线的两个相似三角形的比例关系计算出，即由

$$\frac{y}{l} = \frac{x}{L} \tag{3-5}$$

得

$$y = \frac{x}{L}l = \frac{\frac{b}{D}L}{L}l = \frac{b}{D}l \tag{3-6}$$

式中，l——支脚1到半联轴器测量平面之间的距离，mm。

步骤二：再使两个半联轴器同轴。

由于 $a_1 > a_3$，即两个半联轴器不同轴，其原有径向位移量（偏心距）为 $e = \frac{a_1 - a_3}{2}$，再加上在第一步找正时又使联轴器中心的径向位移量增加了 y(mm)。所以，为了要使两个半联轴器同轴，必须在主动机的支脚1和2下同时加上厚度为 $(y+e)$ mm 的垫片。

由此可见，为了要使主动轴上的半联轴器和从动轴上的半联轴器轴线完全同轴，则必须在主动机的支脚1底下加上厚度为 $(y+e)$ mm 的垫片，而在支脚2底下加上厚度为 $(x+y+e)$ mm 的垫片，如图3-13(c)所示。

主动机一般有4个支脚，故在加垫片时，主动机两个前支脚下应加同样厚度的垫片，而两个后支脚下也要加同样厚度的垫片。

假如联轴器在90°，270°两个位置上所测得的径向间隙和轴向间隙的数值也相差很大时，则可以将主动机的位置在水平方向做适当的移动来调整。通常是采用锤击或千斤顶来调整主动机的水平位置。

全部径向间隙和轴向间隙调整好后，必须满足下列条件：

$$a_1 = a_2 = a_3 = a_4, S_1 = S_2 = S_3 = S_4$$

这表明主动机轴和从动机轴的中心线位于一条直线上。

在调整联轴器之前先要调整好两个半联轴器端面之间的间隙，此间隙应大于轴的轴向窜动量（一般图上均有规定）。

四、联轴器找正计算实例

如图3-14(a)所示，主动机纵向两支脚之间的距离 $L = 130$ mm，支脚1到联轴器测量平面之间的距离 $l = 145$ mm，联轴器的直径 $D_1 = 90$ mm，径向方向百分表指针到联轴器表面距离为15 mm，找正时所测得的径向间隙和轴向间隙数值如图3-14(b)所示，试求支脚1和2底下应加或应减的垫片厚度。

步骤一：偏移情况分析。

由图3-9可知，联轴器在0°与180°两个位置上的轴向间隙 $S_1 < S_3$，径向间隙 $a_1 < a_3$，这表示两个半联轴器既有径向位移又有角位移，找正时联轴器的计算直径 $D = 90 + 15 \times 2 = 120$ mm。根据这些条件可做出联轴器偏移情况的示意图，如图3-15所示。

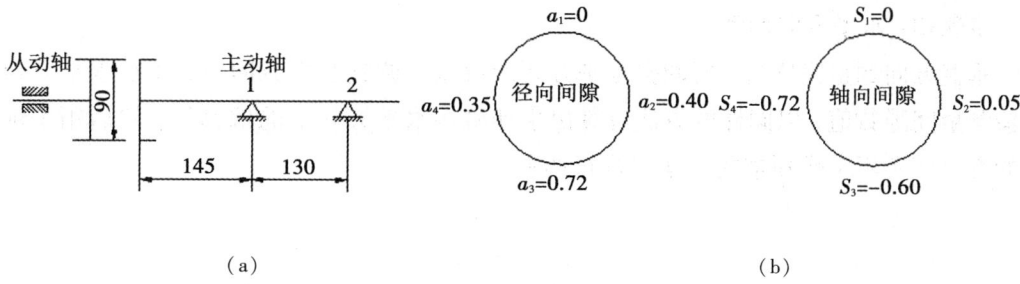

图 3-14 找正实例(单位:mm)

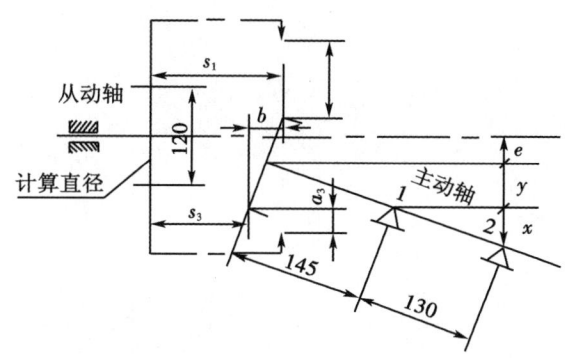

图 3-15 联轴器偏移情况示意图

步骤二:先使两半联轴器平行。

由于 $S_1<S_3$,故 $b=|S_3-S_1|=|-0.60-0|=0.60$ mm。所以,为了要使两个半联轴器平行,必须从主动机的支脚 2 下增加厚度为 x(mm)的垫片,x 值可由下式计算:

$$x=\frac{b}{D}L=\frac{0.60}{120}\times 130=0.65 \text{ mm}$$

但是,这时主动机轴上的联轴器中心却被降低了 y(mm),y 值可由下式计算:

$$y=\frac{b}{D}l=\frac{0.60}{120}\times 145=0.725 \text{ mm}$$

步骤三:再使两个半联轴器同轴。

由于 $a_1<a_3$,故原有的径向位移量(偏心距)为

$$e=\frac{a_3-a_1}{2}=\frac{0.72-0}{2}=0.36 \text{ mm}$$

所以,为了要使两个半联轴器同轴,必须从支脚 1 和 2 下同时增加厚度为 $(y+e)=0.725+0.36=1.085$ mm 的垫片。

由此可见,为了要使两半联轴器轴线完全同轴,则必须在主动机的支脚 1 下减去厚度为 $(y+e)=1.085$ mm 的垫片,在支脚 2 下减去厚度为 $(x+y+e)=0.65+0.725+0.36=$

1.735 mm 的垫片。

步骤四：水平方向调整。

垂直方向调整完毕后，再调整水平方向的偏差。调整水平方向时，要在水平方向上重新测量间隙数值，以同样的方法计算出主动机在水平方向上的偏移量，然后用手锤敲击的方法或者用千斤顶推的方法来进行调整。

项目四　离心泵的拆装和维护

【学习目标】

1. 知识目标
(1)掌握悬臂式和双支承、分段式离心泵的结构和工作原理。
(2)掌握悬臂式和双支承、分段式离心泵的维护与检修规程。
(3)掌握悬臂式和双支承、分段式离心泵的常见故障及处理方法。
2. 能力目标
(1)能熟练进行悬臂式和双支承、分段式离心泵拆装。
(2)能熟练处理悬臂式和双支承、分段式离心泵在工作过程中发生的故障。
3. 素质目标
(1)培养学生在泵安装过程中的安全操作和文明安装意识。
(2)培养学生在泵安装过程中的团队协作意识和吃苦耐劳精神。

【任务描述】

按照悬臂式和双支承、分段式离心泵的维护与检修规程，对化工装备专用实训室内装置上的悬臂式和双支承、分段式离心泵进行维护与检修，对检修好的泵进行性能调试，对泵发生的故障进行处理。

任务一　认识设备拆装常用机具和量具

化工设备维修车间是学生对车间内的机泵设备进行认识实训及拆装实训、技能培训的实训车间，车间内的设备符合企业装备的特点。进行实训时，对车间内的常用拆装机具和量具的结构充分认识及正确、安全使用，是保证实训安全进行的关键。因此，学生在实训中要遵循生产实践的要求，掌握工具、量具的正确使用方法。

一、认识起重工具

1. 钢丝绳
由于钢丝绳具有强度高、自重轻、弹性好、运行平稳等优点，在起重、捆扎、牵引和张紧等方面获得广泛应用。钢丝绳如图4-1所示。

图4-1 钢丝绳

起重机用的钢丝绳多为圆钢丝绳。

按照钢丝表面情况，可将钢丝绳分为光面钢丝绳和镀锌钢丝绳两种。光面钢丝绳适用于空气干燥、没有腐蚀性气体的环境。镀锌钢丝绳适用于潮湿环境下工作，根据镀锌层的厚度分为A级、AB级和B级。其中，A级镀层最厚，AB级居中，B级最薄。

钢丝绳在连接或捆扎物体时，需要打各种结。为了便于钢丝绳与其他部分的连接，钢丝绳的末端常做成各种形式的接头。起重用钢丝绳在使用过程中，由于受力、摩擦、腐蚀等作用，将逐渐遭到损坏。为防止其在使用过程中发生意外事故，保证安全生产，国家标准《起重机械用钢丝绳检验和报废实用规范》（GB 5972—86）中规定了钢丝绳的报废条件。其主要内容如下：在相应使用条件下，钢丝绳在规定长度范围内断裂钢丝数达到规定的数值时须报废；出现整根绳股断裂应报废；外层钢丝磨损达到其直径的40%时应报废；钢丝绳直径相对公称直径减小7%或更多时，即使未发现断丝也应报废；因腐蚀导致表面出现深坑及钢丝相当松弛时应报废；钢丝绳严重变形时应报废。

2. 滑轮及滑轮组

（1）滑轮。滑轮是用来支承挠性件并引导其运动的起重工具。受力不大的滑轮直接安装在心轴上使用，机动起重机多用滚动轴承支承滑轮。滑轮如图4-2所示。

图4-2 滑轮

（2）滑轮组。滑轮组是由一定数量的动滑轮、定滑轮和挠性件等组合而成的一种简单的起重工具，其主要功用是省力和减速。滑轮组如图4-3所示。

在起重工作中，经常需要进行选择滑轮组的计算。在选择时，必须考虑到现场所有的卷扬机或拖拉机及绳索的能力，应使滑轮组上绳索的实际拉力不大于绳索的最大许用拉力；如果绳索的最大许用拉力很大，则还要使实际拉力不大于卷扬机或拖拉机的最大牵引能力。

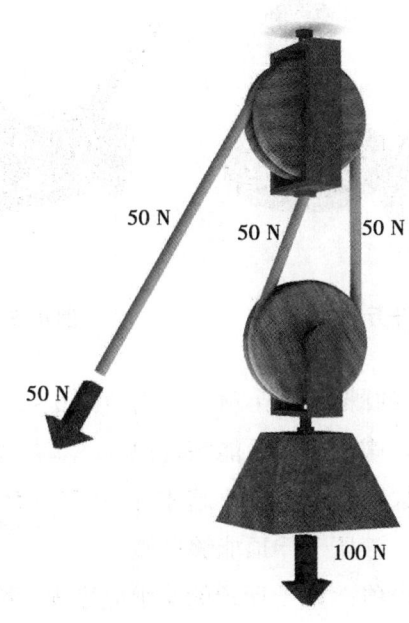

图4-3 滑轮组

3. 取物装置

取物装置又称吊具，是吊取、夹取、托取或采用其他方法吊运物料的装置。化工厂中常用的取物装置有以下几种。

（1）起重吊钩。简称吊钩，是起重机械中常用的吊具，有单钩和双钩两种。

（2）D形卸扣。又称卡环，是一种常用的拴连工具。卸扣有裂纹或永久变形应报废。

（3）吊索和吊链。吊索又称吊绳，是用来捆吊重物的一种钢丝绳。制造吊索应使用柔软的钢丝绳，一般用标记为6×61的钢丝绳制成。吊索可分为万能吊索（封口的）、单钩吊索和双钩吊索三种。吊索的特点是自重小、刚性大，不能用于起吊高温的重物。

吊链是用起重链制成的，用于捆吊重物。

二、认识起重机械

1. 千斤顶

千斤顶是一种利用刚性顶举件在小行程内顶升重物的轻小起重设备。常用的有螺旋千斤顶和液压千斤顶,分别如图4-4和图4-5所示。

图4-4 千斤顶　　　　图4-5 液压千斤顶

(1) 螺旋千斤顶。常用的螺旋千斤顶起重量为 50~500 kN,起升高度为 130~400 mm,自重为 75~1000 N。螺旋千斤顶能够自锁。

(2) 液压千斤顶。常用的液压千斤顶起重量为 15~5000 kN,起升高度为 90~200 mm,自重为 25~8000 N。液压千斤顶能够自锁。

使用千斤顶时应注意的事项:① 千斤顶的支承应稳固,基础平整坚实;② 千斤顶使用时,不应加长手柄;③ 千斤顶应垂直放在重物下面;④ 千斤顶在使用时,应采用保险垫块,并随着重物的升降,随时调整保险垫块的高度;⑤ 多台千斤顶同时工作时,宜采用规格、型号一致的千斤顶进行同步操作。

2. 手拉葫芦

手拉葫芦俗称斤不落或倒链,是一种以焊接环链为挠性承重件的起重工具。起重时,用挂钩将手拉葫芦悬挂在一定高度,捆绑重物的吊索挂在吊钩上,拉动手拉链条(使链轮沿顺时针方向转动),可将重物吊起。若要使重物下降,只需反向拉动手拉链条即可。

手拉葫芦起重量为 5~300 kN,起升高度为 2.5~3.0 m。如选用较长的起重链条,可增大起升高度,最高可达 12 m。

手拉葫芦的悬挂支承点应牢固,悬挂支承点的承载能力应与该葫芦的起重能力相匹配;转动部分必须灵活,链条应完好无损,不得有卡链现象。

三、认识拆卸与装配工具

拆卸与装配工具主要用于对设备进行解体和组装。常用的有以下几种。

项目四 离心泵的拆装和维护

图 4-6 手拉葫芦

1. 扳手

扳手是机械装配或拆卸过程中的常用工具，一般用碳素结构钢或合金结构钢制成，主要用于拆装方头和六角头螺纹联接件，常用的有活络扳手、开口扳手、棱花扳手、套筒扳手和管扳手等。此外，还有用于拆装端面开槽（或孔）的圆螺母用的钩形扳手。

在使用扳手时，要根据所拆装零件进行选择，不得随意加大扭矩而使联接件破坏。在使用内六角扳手和开口扳手时，一定要与所拆装的零件相吻合，不得迁就而造成不必要的工具或工件破坏。

（1）活扳手（也称活络扳手）。使用活扳手应让固定钳口受主要作用力，否则容易损坏扳手。扳手手柄的长度不得任意接长，以免拧紧时力矩太大而损坏扳手或螺栓。

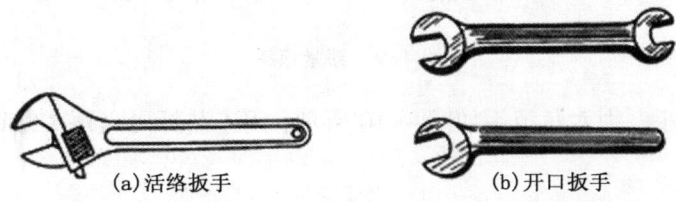

(a) 活络扳手　　(b) 开口扳手

图 4-7 活络扳手和开口扳手

(2)专用扳手。它是只能扳拧一种规格螺栓和螺母的扳手,可分为以下几种。

① 开口扳手。开口扳手也称呆扳手,它分为单头和双头两种。选用时它们的开口尺寸应与要拧动的螺栓或螺母尺寸相符。

② 整体扳手。整体扳手有正方形、六角形、十二角形(梅花扳手)等。其中以梅花扳手应用最广泛,能在较狭窄的地方拧紧或松开螺栓(螺母)。

③ 套筒扳手。它由梅花套筒和弓形手柄构成,如图4-8所示。成套的套筒扳手是由一套尺寸不等的梅花套筒组成。套筒扳手使用时,弓形的手柄可以连续转动,工作效率较高。

图 4-8　套筒扳手

④ 锁紧扳手。它用来装拆圆螺母。其有多种形式,应根据圆螺母的结构选用。锁紧扳手如图4-9所示。

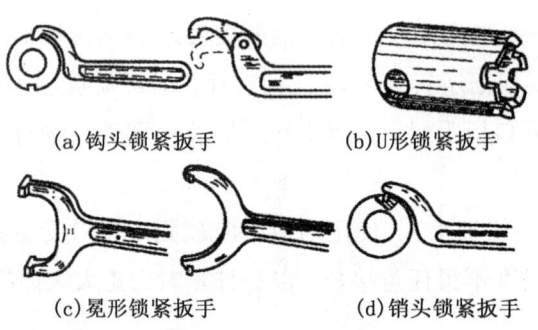

(a)钩头锁紧扳手　　(b)U形锁紧扳手

(c)冕形锁紧扳手　　(d)销头锁紧扳手

图 4-9　锁紧扳手

⑤ 内六角扳手。内六角扳手如图4-10所示,用于装拆内六角头螺钉。这种扳手也是成套的。

2. 旋锥(俗称螺丝刀)

(1)一字旋锥和十字旋锥。旋锥是用来拆装端面开有一字槽或十字槽的螺钉的工具,有一字形和十字形两种,如图4-11所示。十字旋锥主要用于拆装十字形槽的各种螺钉,具有扭矩大、旋转稳定的特点。一字旋锥主要用于拆装端面开一字形槽的螺钉。

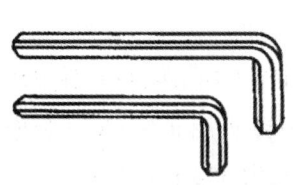 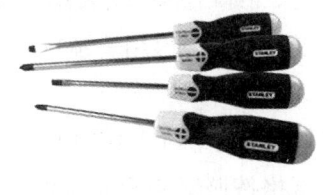

图 4-10　内六角扳手　　　　图 4-11　一字旋锥和十字旋锥

在使用旋锥时要注意刃口的宽度和厚度必须与所拆螺钉槽的长度和宽度相符，旋锥轴线要与螺钉轴线重合，不得倾斜；不得用小型号旋锥去拆装大螺钉，以免损坏工具或破坏螺钉槽；不得把旋锥用作扁铲或撬棍；发现刃口损坏要及时修磨。

（2）通心螺丝刀。它是旋杆与旋柄装配时，旋杆非工作端一直装到旋柄尾部的一种螺丝刀。它的旋杆部分是用 45 号钢或采用具有同等以上机械性能的钢材，并经淬火硬化制成。

通心螺丝刀主要用于装上或拆下螺钉，有时也用来检查机械设备是否有故障，即把它的工作端顶在机械设备要检查的部位上，然后在旋柄端进行测听；依据听到的情况判定机械设备是否有故障。

3. 拆卸器

拆卸器，也称拔轮器或拉马，主要用于拆卸轴上的滚动轴承、皮带轮、齿轮、联轴器、叶轮、滚动轴承、轴套等零部件。拆卸器如图 4-12 所示。

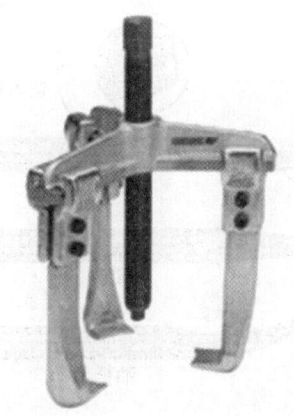

图 4-12　拆卸器

拆卸器种类很多，常用的有两爪式拆卸器、三爪式拆卸器和铰链式拆卸器，钩爪可进行移动调节，也可用于安装；按照操作方式又可分为手动式拆卸器和液压式拆卸器。

拆卸器种类虽多，但在使用时都要遵循一些原则：拆卸器必须对称；轴线必须与所拆零件轴线重合，不得有倾角；要均匀缓慢加力，各拉杆钩爪受力要均衡；保持丝杆顶尖完好并经常注润滑油；不得用手锤敲击爪部，以免损坏。

4. 手锤

手锤是机械拆卸与装配工作中的重要工具，是由锤头和木柄两部分组成的，如图 4-13 所示。手锤的规格按照锤头重量大小来划分。一般锤头用碳钢（T7）制成，并经淬火处理；木柄选用比较坚固的木材制作，常用手锤的柄长为 350 mm 左右。

图 4-13　手锤

木柄安装在锤头孔中必须稳固可靠，要防止脱落造成事故。为此，木柄敲紧在锤头孔中后，应在木柄插入端再打入楔子，以撑开木柄端部，将锤头锁紧。锤头孔做成椭圆形是为了防止锤头在木柄上转动。

5. 錾子

錾子是錾削工具，一般用碳素工具钢锻成。常用的錾子有扁錾、尖錾和油槽錾，如图 4-14 所示。

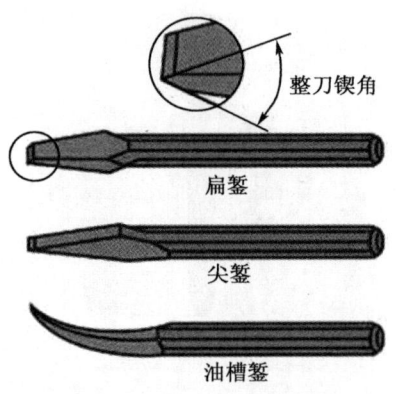

图 4-14　錾子

扁錾的切削部分扁平，用来去除凸缘、毛刺和分割材料等，应用最广泛；尖錾的切削刃比较短，主要用来錾槽和分割曲线形板料；油槽錾用来錾削润滑油槽，它的切削刃很短，呈圆弧形，为了能在对开式的滑动轴承孔壁錾削油槽，切削部分做成弯曲形状。各种錾子的头部都有一定的锥度，顶端略带球形，这样可使锤击时的作用力容易通过錾子的中心线，錾子容易掌握和保持平稳。

錾切时锤击应有节奏，不可过急，否则容易疲劳和打手。在錾切过程中，左手应将錾子握稳并始终使錾子保持一定角度，錾子头部露出手外 15～20 mm 为宜，右手握锤进行锤击，锤柄尾端露出手外 10～30 mm 为宜。錾子要经常刃磨以保持锋利，防止过钝而在錾削时打滑伤手。

6. 管子钳

管子钳是用来夹持或旋转管子及配件的工具；钳口上有齿，以便上紧调节螺母时咬牢管子，防止打滑。管子钳如图 4-15 所示。

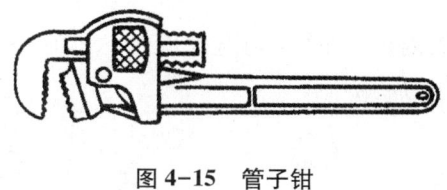

图 4-15 管子钳

7. 撬杠

撬杠是用 45 号或 50 号钢制成的杠子，用于撬动物体，以便对其进行搬运或调整位置，如图 4-16 所示。使用时，撬杠的支承点应稳固；对于有些物体的撬动，也应防止其被撬杠损伤。

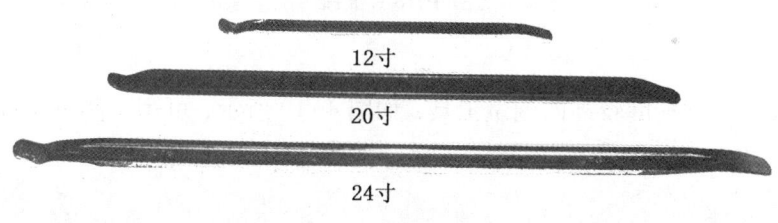

图 4-16 撬杠

在有爆炸性气体的环境中，为防止操作中产生机械火花而引起爆炸，应采用防爆工具。防爆用錾子、圆头锤、八角锤、呆扳手、梅花扳手等应用铍青铜或铝青铜等铜合金制造，且铜合金的防爆性能必须合格。铍青铜工具的硬度不低于 HRC35，铝青铜工具硬度不低于 HRC25。

在拆装过程中还要用到手锤、垫木、铜棒等其他工具，使用时一定要按操作规程和要求，在教师的指导下操作，禁止蛮干。

四、认识常用测量工具

测量工具是在拆卸、安装过程中或拆卸完成后，对配合间隙、工件尺寸等进行测量，以判断其是否合格，或保证装配精度。常用的测量工具包括以下几种。

1. 钢板尺和卡钳

钢板尺按照其长度可分为 150，300，500，1000 mm 等规格，尺面有公制和英制刻度，主要用于测量工件的长度，如图 4-17 所示。它与卡钳配合，可测得工件的内径、外径。

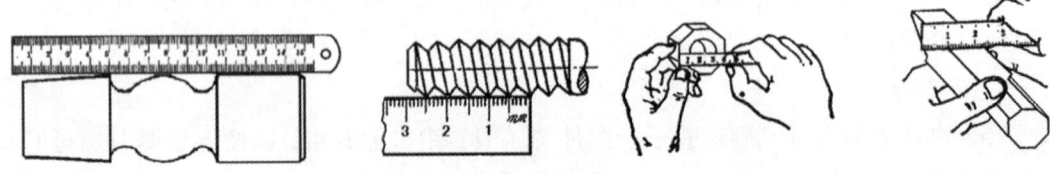

图 4-17　钢板尺

卡钳可用于测量工件的内径、外径（与直尺配合），如图 4-18 所示，分为内卡和外卡。卡钳的大小应按照所用场合配制。

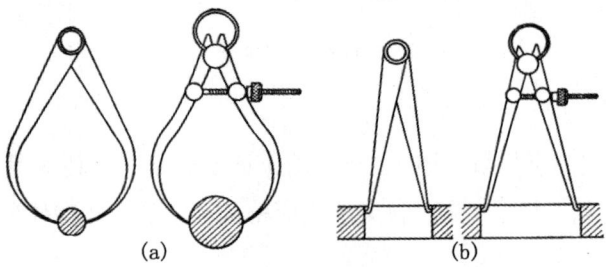

图 4-18　卡钳

2. 游标卡尺

游标卡尺是一种精度较高的测量工具，如图 4-19 所示，可用于测量工件的内径、外径、槽宽、槽（孔）深和长度，在使用时要注意轻拿轻放。

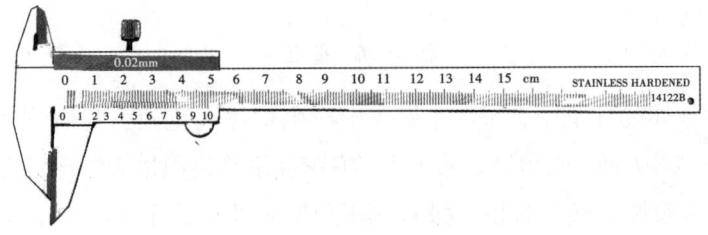

图 4-19　游标卡尺

3. 百分尺

百分尺，又称千分尺，是一种精密的量具，能准确测出 0.005～0.010 mm 的精度，主要用于测量工件的内径、外径、长度和宽度等，如图 4-20 所示。其按照测量内容不同可分为内径百分尺、外径百分尺和深度百分尺。

项目四 离心泵的拆装和维护

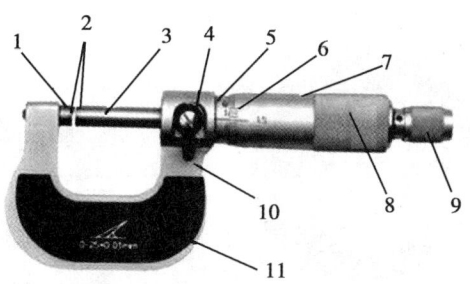

图 4-20 千分尺

1—固定测钻；2—硬质合金头；3—活动测杆；4—止动器；5—固定套管；6—微分筒；
7—活动套；8—弹簧垫；9—测力装置；10—尺架；11—绝热垫

4. 厚薄规

厚薄规，俗称塞尺，是由一组厚度不同的薄片组成，主要用于测量两个结合面之间的间隙，如图 4-21 所示。

图 4-21 塞尺

5. 螺纹量规和圆弧规

螺纹量规又称扣尺或扣规，主要用于测量螺纹的螺矩和扣数，分公制和英制两种，由一套齿形样板组合而成。

圆弧规又称圆角验规，由一组不同半径的圆弧样板组成，每一种尺寸都由凸圆弧和凹圆弧组成，主要用于检验工件内径和外径圆弧，如图 4-22 所示。

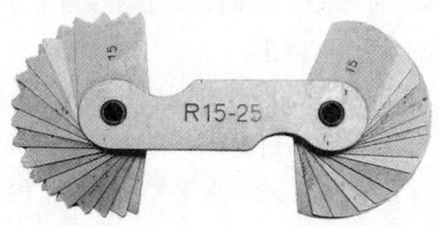

图 4-22 圆弧规

6. 百分表

百分表主要用于零件加工或机器装配时检验尺寸精度，须装在专用支架上使用；可测端面的垂直度和圆度等形状公差，如图4-23(a)所示。

(a)百分表

(b)水平仪

图4-23　百分表和水平仪

7. 水平仪

水平仪又称水平尺或水准器等，常用在安装、验收或修理工作中检查零件、机器、设备的水平或垂直状况，如图4-23(b)所示。

常用的水平仪有长方形水平仪(图4-24)和方框形水平仪(图4-25)两种。

图4-24　长方形水平仪

图4-25　方框式水平仪

测量时，水平仪放在被测物体的表面，若被测表面水平，则水平气泡中心在水平管零点处；若被测表面不水平，则水平管内气泡向高的一侧移动，移动的路程为从零点起沿水平管到停稳后气泡中心点的弧长，该弧长所对圆心角等于被测表面的倾斜角。气泡中心点的位置可根据水平管上的刻度读出。

水平管每一个刻度表示的圆心角常用两条刻线间的弧长与水平管内壁曲率半径的比值表示，若要换算成用秒为单位表示的角度，需乘以$206265'(57°17'45'')$。

方框形水平仪(又称方框式水平仪或方水平)可以用来检查机器或设备安装后的水平状况，还可用其垂直边框检查机器或设备安装后的垂直状况。

除了以上两种水平仪外，还有一种精度较高的光学合像水平仪。

把光学合像水平仪放在倾斜的表面上测量时，若气泡移向高侧，可通过旋钮调节细牙螺杆，转动水平管，使水平气泡中心回到零点位置，然后从倾斜度标尺和旋钮下方的倾斜度刻度盘上读出被测表面的倾斜度。

8. 常用测量仪器的维护与保养

以上介绍的量具大部分是高精度的,因此在使用时要注意以下几点。

(1)合理使用,轻拿轻放,不得随意乱放和磕碰,不得将卡尺当直尺使用。

(2)使用完毕后及时清理,擦净油污,以防锈蚀;要分类存放,妥善保管。

(3)根据工件的精度要求合理选用,不准用精密量具测量要求不高、表面质量不高的工件。

(4)各种测量仪器的刻度尤要注意保护,不得划伤。

(5)根据量具的使用规定,定期对其进行计量检验、校核精度。

在化工设备拆装过程中,遇到大型的零部件还需要用到天车、手拉葫芦、绳等吊装工具,在使用时要注意安全,按照操作规程,在教师指导下使用。

任务二　离心泵的拆装规程

一、离心泵的拆卸

离心泵种类繁多,不同类型的离心泵结构相差很大。要做好离心泵的修理工作,首先必须认真了解泵的结构,找出拆卸难点,制定合理方案,才能保证拆卸顺利进行。

图 4-26　离心泵结构

1. 离心泵拆卸的安全要求

(1)掌握泵的运转情况,备齐必要的图纸和资料。

(2)对检修过程作出风险评价,填写好风险评价表。

(3)备齐检修工具、量具、起重机具、配件及材料。

(4)切断电源及设备与系统的联系,放净泵内介质,达到设备安全与检修条件。

2. 离心泵的拆卸的基本条件

要熟悉结构,尤其是对复杂机泵或新型机泵,拆卸前必须查看图纸或说明书,了解各零部件的作用、相互关系和旋转方向,避免盲目拆卸。

(1)做好标记,避免调错。拆卸前必须对相邻零件或连接零件做好标记,避免回装时装反或质量不均衡引起振动(如轴上的多条键、联轴器等)。应在非工作面上打记号。

(2)认真测量检修前的数据并做好记录,如泵与电动机的找正数据。

(3)拆卸顺序合理。先拆机泵的附属件(辅助管线、循环冷却水系统、联轴器等),后拆主机;先拆外部,后拆内部;先拆上部,后拆下部。

(4)拆卸前要选用合适工具,必要时要设计和制作专用工具。拆卸时不允许乱敲、乱打,要保护好所有的螺纹、配合面及轴的顶尖孔。

(5)零件要摆放整齐,便于装配。

3. 离心泵的拆卸顺序

(1)拆卸联轴器护罩的固定螺栓,取下联轴器护罩。

(2)在联轴器上做好标记(旧泵则应复对标记),并测量泵与电动机的找正数据。

(3)拆卸联轴器螺栓。

(4)拆卸冷却水管。

(5)拆卸机械密封压盖螺栓,放出密封内残留的液体。

(6)将轴承箱内的润滑油放出。

(7)拆泵盖与泵壳连接螺栓。

(8)吊出泵体。

(9)拆叶轮背帽、叶轮。

(10)拆泵悬架与泵盖连接螺栓,拆下泵盖。

(11)拆泵端联轴器对轮。

(12)松开泵轴承箱前、后压盖。

(13)拆下泵轴承箱(拆卸前应装上叶轮背帽,避免轴头螺纹损坏)。

(14)拆轴承背帽,拆轴承,取出轴承压盖。

(15)拆下密封轴套及轴套上的动环。

(16)检查和清洗各零部件,修复或更换相应的零部件及材料。

二、离心泵的检查

1. 泵轴的检查

(1)先用煤油对泵轴进行清洗,用砂纸将泵轴表面打光,检查表面是否有沟槽和磨损,同时检查轴上的键槽的磨损情况;如果键槽磨损过大,可在泵轴对面180°处重开键槽。

泵主轴的跳动检查:在主轴装入轴承箱内后,应检查主轴和轴承箱法兰面的跳动。

如图 4-27 所示，要求跳动处 1，2，3 均小于 0.05 mm。

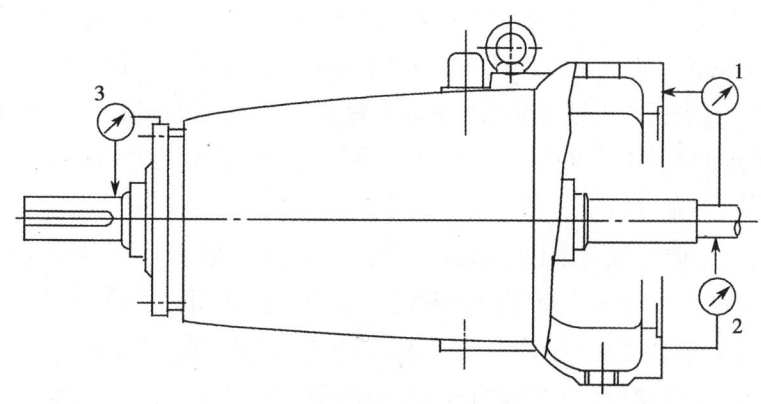

图 4-27 泵主轴的跳动检查

（2）对于关键机泵，如有必要可用超声波、磁性探伤或着色检查泵轴内部是否有裂纹。

（3）检查泵轴的弯曲度，一般在室温下，将泵轴放在车床上测量最方便，精度也可以满足要求。一般采用 V 形铁作为支撑架放置在平台上进行测量，应保持轴本身的水平度，允差小于 0.01 mm。具体测量方法如下。

① 将轴断面划分为四等分或六等分，如图 4-28 所示。

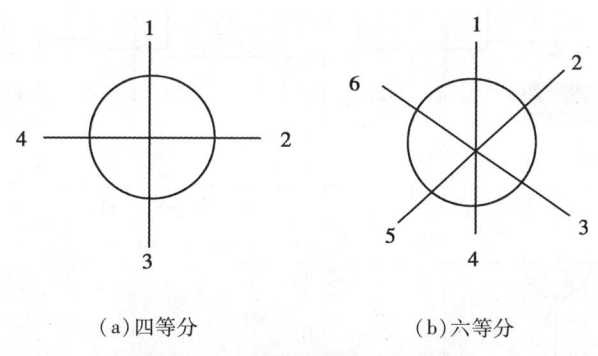

（a）四等分　　　　　　（b）六等分

图 4-28 轴断面的划分示意图

② 确定轴向测量点。一般取安装旋转零件等重要部位为测量点（如前、后轴承，叶轮，机械密封，联轴器，等等），如图 4-29 所示。

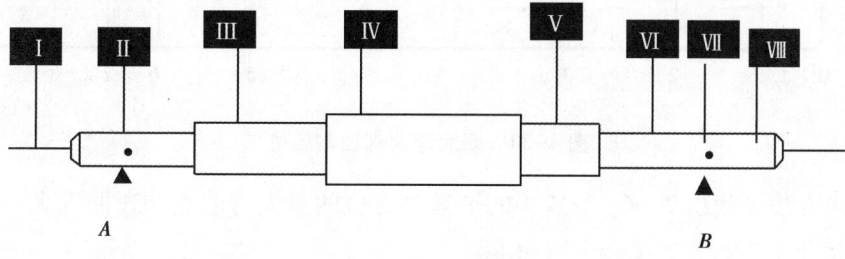

图 4-29 轴向测量点

③ 用百分表逐点测量圆断面上各个径向跳动量，或用若干百分表同时测量几个点。百分表要位于通过轴中心线的同一平面内，表杆接触的轴表面要选择在整圆和无损伤处。按照工作时的旋转方向使轴旋转一周，若各表指针都能回到原位，便可进行测量工作。测量出每个方位各表所在的跳动量（即相对位置的最大值与最小值之差），列于表格中。

④ 计算各点的弯曲度，即对称180°两等分的径向跳动量之差的一半。

⑤ 将各点同一方位的弯曲度化成弯曲曲线。

⑥ 分析最大弯曲部位与方位，如图4-30所示。先画出一个直角坐标系，纵坐标表示弯曲值，横坐标表示轴全长和各测量断面间距离，根据同一方位（比如1—5方位）各表对应断面处的弯曲值在对应的纵坐标上标出相应的弯曲值，便得到n_1，A'，n_3，n_4，n_5，n_6，B'，n_8等诸点；将诸点（以多数为准）与弯曲值为零的A'、B'点相连，得两条直线相交于C点，则此点为近似的最大弯曲点；在点C两侧多装几只百分表，仔细测量轴的弯曲情况，将所测得弯曲值标在相应断面的纵坐标上便可得到较密集的若干点，将诸点连成平滑曲线与两直线相切则，构成一条真实轴弯曲曲线；从该曲线上可找出该方位的最大弯曲点C在轴上的位置及弯曲度的大小。

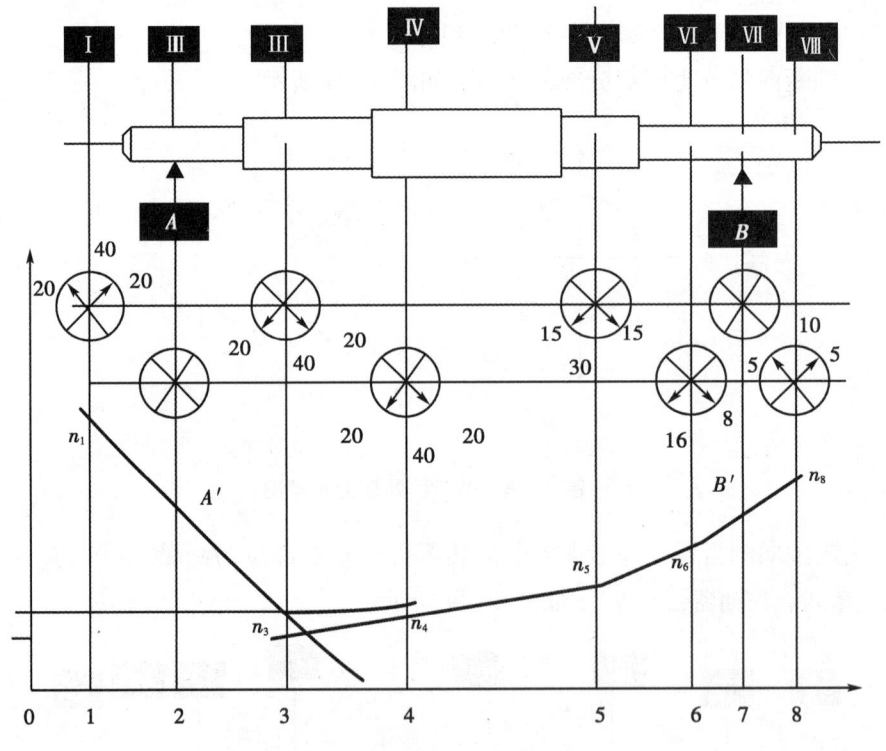

图4-30 最大弯曲部位与云位

用同样方法可找出2—6，3—7，4—8等各方位的最大弯曲点和弯曲度大小，所有弯曲度中最大者才是轴的真正最大弯曲度。

如果最大弯曲度不是刚好位于所画的某一方位上(比如位于1—5和1—6),那么只要把轴端圆周的等分数分得再多些就可以精确地求出最大弯曲度。

若轴是整段单向弯曲(即一个弯),则最大弯曲点一定在诸方位曲线的同一个断面上。若轴是多段异向弯曲(即多个弯),也用同样方法测量和绘制弯曲曲线,只不过是各段的最大弯曲点在不同方位的不同断面上。

2. 叶轮的检查

(1)检查叶轮口环磨损情况。如果叶轮口环磨损在规定范围之内,则可以在车床上用胎具胀住叶轮内孔,对磨损部位进行修车(要保证叶轮口环的外圆与内孔的同心度);但口环磨损严重,超过规定口环间隙范围,就必须进行更换。

(2)检查叶轮叶片和表面是否有汽蚀损坏的现象。如果叶片仅有微小空洞,不会对流量和扬程造成影响,则不必更换;否则必须进行修理或更换。

(3)检查叶轮键槽、键及叶轮与轴的配合。叶轮长期使用、多次拆装,叶轮与轴或叶轮键槽与键的配合变松,影响叶轮的同心度,使泵运行时产生振动。如发现叶轮与轴配合太松,应检查叶轮或轴的磨损情况,对磨损严重的叶轮进行更换。若叶轮键槽与键配合太松时,可在叶轮原来键槽相隔120°处重开键槽并重新配键。

3. 轴承的检查

(1)滚动轴承装配前先将轴承中的防锈油或润滑脂挖出,然后将轴承放在热机油中使残油熔化,再用煤油冲洗,并用白布擦干或压缩空气吹干。

(2)滚动轴承清洗后,应检查以下各项:轴承是否转动灵活、轻快自如,有无卡住现象;轴承间隙是否合适;轴承是否干净,内外圈、滚动体和隔离圈是否有锈蚀、毛刺、碰伤和裂纹;轴承内圈是否与轴肩精密相靠;轴承附件是否齐全。如有问题则要进行更换。

(3)检查轴颈和轴承体时,主要用千分尺或游标卡尺测量轴颈及轴承体孔的椭圆度和圆锥度及其与轴承的配合是否符合要求;另外要检查轴颈圆角与轴承内圈是否相符合。检查轴肩和轴承孔的端面跳动量,其数值不应超过规定值,否则进行更换。

4. 机械密封的检查

(1)检查轴套密封面是否磨损,如有磨痕、凹坑就必须进行更换;如仅有锈蚀,则用金相砂纸将轴套表面打磨光洁。

(2)检查密封压盖、密封面是否有严重磨损,如有则进行更换。

(3)更换动、静密封环和动、静密封垫圈,以及轴套、压盖垫子。这些密封件、密封面的磨损往往是肉眼无法发现的。垫圈是一次性配件,必须进行更换。

(4)检查定位环和轴套及压盖螺栓、螺纹,如磨损严重就进行更换。

5. 泵壳、壳体口环、轴承悬架等固定件的检查

泵壳、轴承悬架经过清洗后,必须检查是否有裂纹,检查方法一般采用手锤轻敲泵壳,如发出沙哑声,说明泵壳已有裂纹。为进一步检查,可用煤油涂于泵壳、轴承悬架

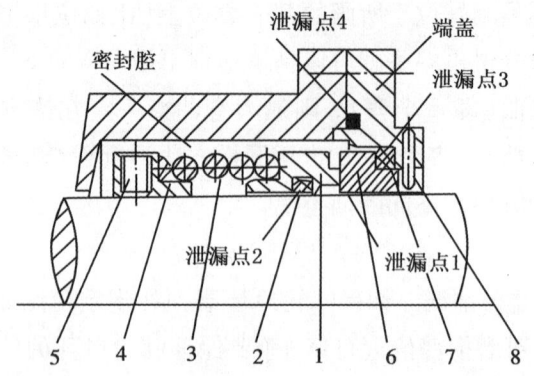

图 4-31　机械密封基本结构(旋转式)示意图
1—补偿环；2—补偿环辅助密封圈；3—弹簧；4—弹簧座；5—紧固螺钉；
6—非补偿环；7—非补偿环辅助密封圈；8—防转销

上，让煤油渗入裂纹中，再将表面的煤油擦掉后涂上一层白粉，随后用手锤再次敲击泵壳、轴承悬架，裂纹内的煤油就会渗出并浸湿白粉，呈现出一道黑线，由此可以判断裂纹的端点。如裂纹的部位在不承受压力或不起密封作用的地方，为防止裂纹继续扩大，可在裂纹的始、末两端各钻一个直径为 3 mm 的圆孔，以防止裂纹继续扩展。如果裂纹出现在承压部位，必须进行补焊。除此以外，还可以用磁粉探伤法检查。

三、离心泵的装配

1. 离心泵装配的基本要求

离心泵装配时应按照拆卸相反方向进行。装配时，应注意以下几个问题。

(1)清洗干净，检查配合。离心泵装配以前一定要把所有的零件清洗干净，并检查各配合面有无毛刺，各相互配合的零件是否符合配合要求，若有不符合之处，装配之前一定要处理好，否则会影响装配的进度甚至破坏配合面。

(2)加油润滑，顺序装配。装配所有相配合的零件时，在其合面上一定要加一些润滑油进行润滑。装配顺序要合理，防止错漏，千万不能想当然地进行装配。

(3)看清图纸，对号入座。离心泵各种零件都有相对应的位置，装配时一定要看清楚原来拆卸时所做的记号。对于比较复杂的离心泵，最好还是根据泵的装配图对号入座来装配。

(4)对称用力，均匀上紧。不管装任何零部件，凡是需要出力的地方都必须对称用力，这是装配最基本的常识。例如把滚动轴承或联轴器装入泵轴就必须两边对称打，只打一边就会装不进去；上紧泵盖螺栓时，必须对称且均匀上紧，一般分几次上紧，这样才能保证所有的连接螺栓上得紧且均匀。

(5)奥氏不锈钢易损伤，要在叶轮螺母与主轴、轴和叶轮的接触表面涂上一层油膜以防止其相互咬合。

(6)确保锁紧螺钉和定位螺钉完全紧固。

2. 滚动轴承的装配

滚动轴承的装配工作主要是实现内座圈与轴颈的配合,以及外座圈与轴承座的配合。

旋转的座圈通常采用过盈配合。过盈配合能在负荷作用下避免座圈在轴颈或轴承座孔的配合表面上发生滚动或滑动。但太大的过盈会减小或消除轴承本身的径向间隙,甚至可能使轴承座圈在安装时损坏。

不旋转的座圈常采用有间隙的或过盈不大的配合。这样可以消除轴因热伸长而使轴承中滚动体发生轴向卡住的现象。但太松的配合会降低机件的刚性,甚至可能引起机器的振动。

(1)滚动轴承在离心泵中起着很重要的作用,如果装配不合理、间隙调整不当,将会导致轴承承载能力降低,产生噪声及发热,加速机泵的磨损,严重时造成停车。因此,应当正确选用轴承,合理选择其配合,并认真、正确地进行装配。

(2)滚动轴承的装配应根据轴承的结构、尺寸大小和轴承部件的配合性质而定。但不管用什么方法,轴承装配时,其作用力应直接加在座圈端面上,不能通过滚动体传递力量,否则会在轴承工作表面造成压痕,影响轴承正常工作,甚至会使轴承很快损坏。

(3)当滚动轴承和轴颈或轴承座孔的过盈较小时,可以采用压入法装配;当过盈较大时,则可采用热装法和冷装法装配。

将滚动轴承装配到轴颈上或轴承座孔内的最简单的方法是利用铜棒和手锤敲打,如图4-32所示。手锤应按照一定的顺序对称地进行敲打,而且一定要打在带过盈的座圈上,否则会打坏滚动体或破坏间隙。此外,还可以利用软金属制的套筒借手锤打入或压力机压入,如图4-33所示。

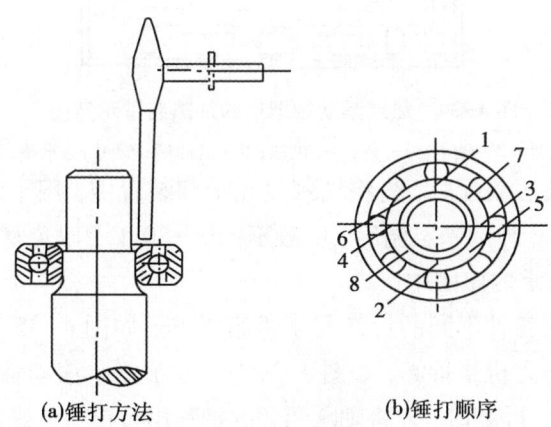

(a)锤打方法　　(b)锤打顺序

图4-32　利用铜棒和手锤装配滚动轴承

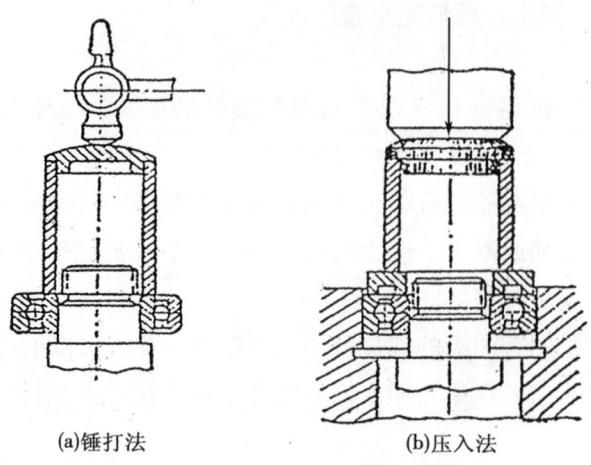

(a)锤打法　　　　(b)压入法

图 4-33　利用套筒装配滚动轴承

滚动轴承采用热装法装配时，先将轴承放在加热装置中用机油加热，如图 4-34 所示。加热温度一般不超过 100 ℃，最高不超过 120 ℃，以免轴承回火而使硬度降低。加热后迅速将轴承取出，套装在轴颈上。

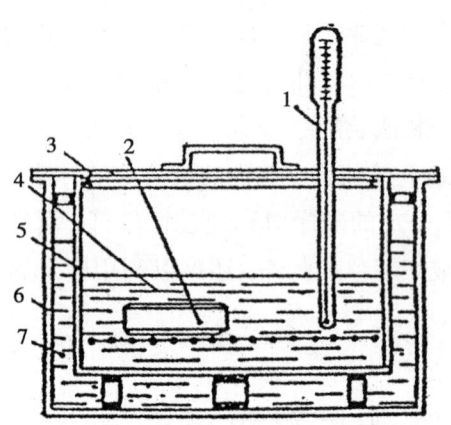

图 4-34　热装滚动轴承用的加热装置示意图

1—温度计；2—轴承；3—盖；4—机油；5—机油槽；6—加热水槽；7—水

滚动轴承采用冷装法装配时，先将轴颈放在冷却装置中，用干冰（沸点 -78.5 ℃）或液氮（沸点 -195.8 ℃）冷却到一定温度，一般不低于 -80 ℃，以免材料冷脆。冷却后将轴颈迅速取出，插装在轴承内座圈中。

滚动轴承可以采用各种不同的拆卸器来进行拆卸，如图 4-35 所示。滚动轴承与轴配合较紧时可以采用压力机来拆卸，如图 4-36 所示。此外，滚动轴承也可采用热卸法来拆卸，如图 4-37 所示。拆卸时，先将轴承两旁的轴颈用石棉布包好，装好拆卸器，将热机油浇在轴承的内座圈上，待内座圈受热膨胀后，便可借助拆卸器把轴承从轴上拆卸下来。

滚动轴承采用热装法、冷装法和热卸法的好处是不会破坏过盈配合，而且装拆时既省力又迅速。

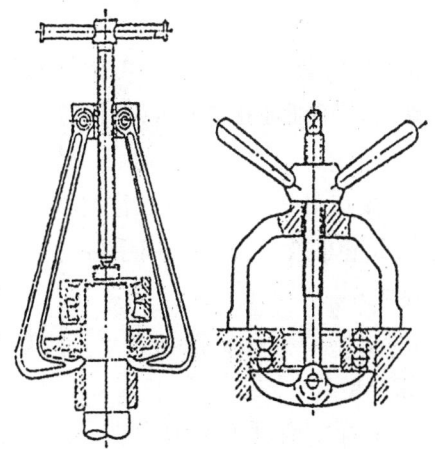 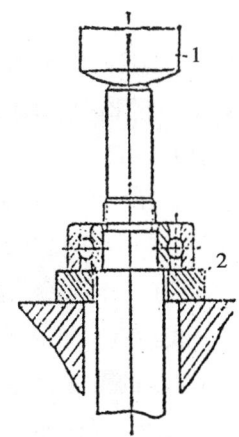

图 4-35　滚动轴承的拆卸器　　　　图 4-36　用压力机拆卸滚动轴承

1—压头；2—垫圈

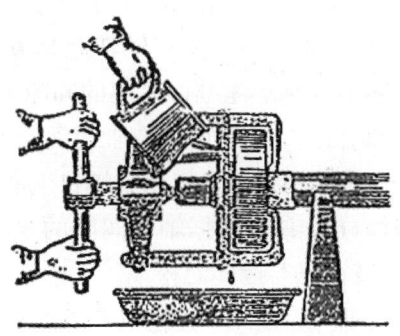

图 4-37　滚动轴承的热卸法

滚动轴承的间隙可分为径向间隙和轴向间隙两种，如图 4-38 所示。滚动轴承间隙的功用是保证滚动体的正常运转和润滑，以及补偿热伸长。

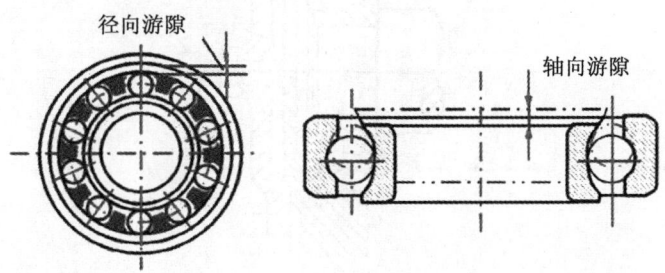

图 4-38　滚动轴承的间隙

滚动轴承间隙的正确与否不仅影响轴承本身的正常工作和寿命，而且也影响到整台机器运转的质量。

滚动轴承按照其间隙能否调整又可分为间隙可调整的和间隙不可调整的两大类。

(4) 轴承间隙的检查。轴承装配后一定要认真仔细地检查间隙是否符合要求。检查方法有以下几种。

① 凭经验检查。可将手指放在轴和法兰盖接口处，然后用撬杠往复拨动转子，凭手的感觉就可以知道轴承间隙的大小，如果转子质量小就可以直接用手拨动。这种方法很方便，不过需要有多年经验才能准确判断间隙大小。

② 用百分表检查。把百分表装在轴的端部，用撬杠往复拨动转子，使它往复移动，百分表上指针摆动的范围就是轴承的轴向间隙。

③ 用塞尺检查。先将轴向一端推紧，直到此端没有任何间隙为止；然后再用塞尺伸入另一端轴承斜面间隙中，塞尺伸入的深度应超过滚动体长度的1/2；检查的部分要在轴承的正上方，量出最大间隙，再用公式换算成轴承的轴向间隙。

(5) 间隙调整。单列向心推力圆锥滚子轴承间隙的调整方法通常有以下三种。

① 垫片调整法。如图4-39(a)所示，先把侧盖处原有的垫片全部撤出，然后慢慢拧紧侧盖的螺钉，一面用手缓缓转动轴，当感觉到轴转起来发紧时就停止拧螺钉（此时轴承内无间隙），并用塞尺测量侧盖和轴承座端面之间的间隙K，最后在侧盖处加上厚度为$K+C$（轴向间隙）的垫片；拧紧螺钉后，轴承内就有轴向间隙C。

② 螺钉调整法。如图4-39(b)所示，先把调整螺钉上的锁帽松开，然后拧紧调整螺钉和止推盘，至轴转动发紧时为止，最后根据轴向间隙的要求将调整螺钉倒拧一定的角度，并把锁帽拧紧以防调整螺钉在机器运转时松动。

③ 止推环调整法。如图4-39(c)所示，先把具有外螺纹的止推环拧紧，至轴转动发紧为止，然后根据轴向间隙的要求将止推环倒拧一定的角度，最后用止动片固定。

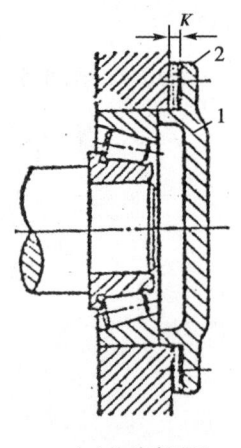
(a) 垫片高速法
1—侧盖；2—调整垫片

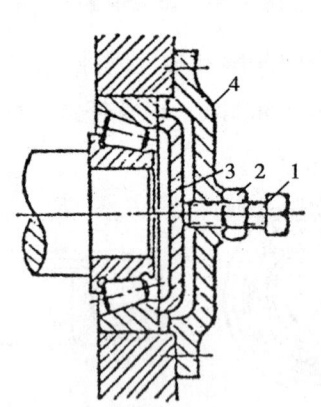
(b) 螺钉调整法
1—调整螺钉；2—锁帽；3—止推盘；4—侧盖

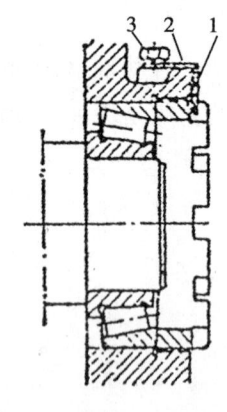
(c) 止推环调整法
1—止推环；2—止动片；3—螺钉

图4-39 单列向心推力圆锥滚子轴承间隙的调整方法

滚动轴承径向间隙在装配后减小的数值，可由下列经验公式计算：
① 如将轴承内座圈压配在轴颈上：$\delta=(0.55\sim0.6)i$；
② 如将轴承外座压配在轴承座内：$\delta=(0.65\sim0.7)i$。

式中，δ——滚动轴承装配后径向间隙的减少量；

i——滚动轴承装配的过盈量。

滚动轴承的装配径向间隙 e 可以用千分表来测量，测量方法如图4-40所示。

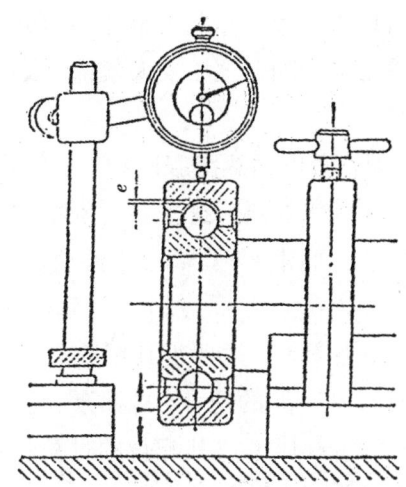

图4-40 滚动轴承装配间隙的测量方法

间隙不可调整的滚动轴承在工作时，由于轴在温度升高时的伸长而使其内、外座圈发生相对位移，故轴承的径向间隙减小，甚至使滚动体在内、外座圈间挤住。如将双支承滚动轴承中的一个轴承和侧盖间留出轴向间隙 C，即可避免上述现象的发生，如图4-41所示。

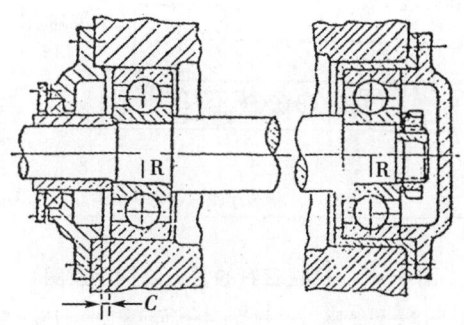

图4-41 轴向热膨胀间隙的调整示意图

在一根轴上安装两个以上的轴承时，其中应有一个轴承固定在轴上和轴承座中，以免发生轴向窜动；其余的轴承一定要留有轴向游动间隙，以便使轴承在温度变化时能够自由移动。

滚动轴承一般的工作温度不应超过 70 ℃。

滚动轴承在工作过程中如发现严重的疲劳剥落、氧化锈蚀、磨损的凹坑、裂纹、硬度降低到 HRC 小于 60(由于过热退火所致)或有过大噪声而无法调整时,应及时进行更换。

3. 叶轮的装配

(1)根据用途不同,叶轮也有热装法和冷装法两种。一般冷油泵和水泵的叶轮与轴的配合为方便拆卸,常采用新国标 H7/h6。装配时,一般先要测定其与轴的实际配合是否符合要求。若符合要求,则只要先用砂纸将叶轮上的锈或毛刺擦去,然后涂上机油,即可按要求装到轴上。若叶轮与轴的配合太松或太紧都不太合理,必须处理合格后才准装配。

(2)热油泵的叶轮与轴的配合考虑到热膨胀问题,一般采用新国标 H7/js6。叶轮的加热方法可用机油加热,也可用蒸气加热。这里要特别指出:叶轮与键的配合,或键与轴的配合,都应有一定的过盈量,否则会导致离心泵振动。

4. 联轴器的装配

联轴器的装配也有冷装法和热装法,这要视其用途及与轴的配合,以及轴孔大小而定。热油泵、锅炉给水泵一般用 H7/k6 的配合,冷油泵、水泵一般用 H7/js6。对于小型水泵、冷油泵,联轴器轴孔在 30 mm 以下或其配合的过盈量很小,用冷装法即可;在检修现场装配时,往往用紫铜棒垫着打比较方便。

5. 机械密封的检修

机械密封又称端面密封,如图 4-42 所示,它具有泄漏量小、密封可靠、功率消耗少、维修工作量少及寿命长等优点,因而在炼油工业中得到广泛的应用。机械密封是靠与泵轴一起旋转的动环端面和静环端面间的紧密贴合,产生一定比压而达到密封的。

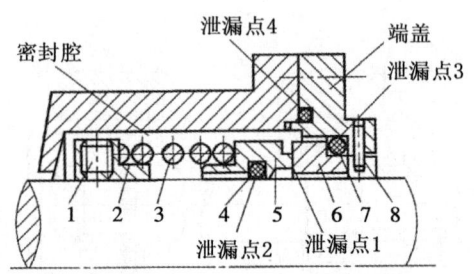

图 4-42 机械密封的常见结构示意图

1—紧定螺钉;2—弹簧座;3—弹簧;4—动环辅助密封圈;5—动环;
6—静环;7—静环辅助密封圈;8—防转销

密封腔内的液体在泵工作时是具有压力的,这个压力加上弹簧压力可使旋转的动环与静环两者的端面保持紧密贴合。在这两个端面上所产生的比压便阻止了液体的漏失。弹簧或波纹管可保证在停泵时压力降低的情况下,使两个摩擦面间保持接触,同时也可补偿这两个摩擦表面在轴向的磨损，起到自动调节间隙的作用。

（1）机械密封泄漏点主要有以下五处：① 轴套与轴间的密封；② 动环与轴套间的密封；③ 动环、静环间的密封；④ 静环与静环座间的密封；⑤ 密封端盖与泵体间的密封。

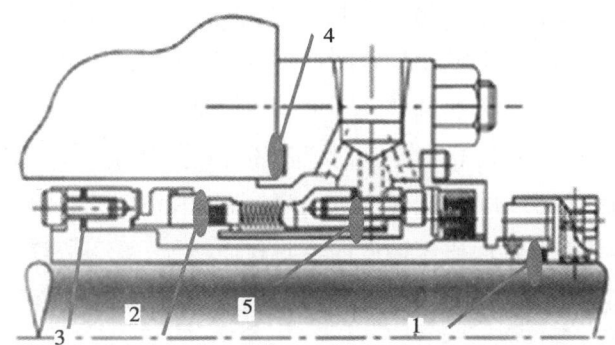

图 4-43　机械密封泄漏点示意图

1—轴套与轴间的密封；2—动环、静环间密封；3—静环与静环座间的密封；
4—密封端盖与泵体间的密封；5—动环与轴套间的密封

一般来说，轴套外伸的轴间、密封端盖与泵体间的泄漏比较容易发现和解决，但需要细致观察，特别是当工作介质为液化气体或高压、有毒、有害气体时，相对困难些。其余的泄漏直观上很难辨别和判断，须在长期管理、维修实践的基础上，对泄漏症状进行观察、分析、研判，才能得出正确结论。

（2）机泵机械密封泄漏原因分析及判断方法。

① 安装静试时泄漏的原因分析及判断方法。

机械密封安装调试好后，一般要进行静试，观察泄漏量。

- 泄漏量较小，多为静环密封圈存在问题。
- 泄漏量较大，多为动环、静环摩擦副存在问题。
- 在初步观察泄漏量、判断泄漏部位的基础上，再手动盘车观察。若泄漏量无明显变化，则静环、动环密封圈有问题；如盘车时泄漏量有明显变化，则可断定是动环、静环摩擦副存在问题。
- 如泄漏介质沿轴向喷射，则多为动环密封圈存在问题；泄漏介质向四周喷射或从水冷却孔中漏出，则多为静环密封圈失效。
- 泄漏通道也可同时存在，但一般有主次区别，只有细致观察、熟悉结构，才能正确判断。

② 试运转时出现泄漏的原因分析及判断方法。

机械密封经过静试后，运转时高速旋转产生的离心力会抑制介质的泄漏。因此，试运转时的机械密封泄漏在排除轴间及端盖密封失效后，基本上都是由动环、静环摩擦副受破坏所致。

引起摩擦副密封失效的因素如下：
- 操作中，因抽空、汽蚀、憋压等异常现象引起较大的轴向力，使动环、静环接触面分离；
- 安装机械密封时压缩量过大，导致摩擦副端面严重磨损、擦伤；
- 动环密封圈过紧，弹簧无法调整动环的轴向浮动量；
- 静环密封圈过松，当动环轴向浮动时，静环脱离静环座；
- 工作介质中有颗粒状物质，运转中进入摩擦副，探伤动环、静环密封端面；
- 设计选型有误，密封端面比压偏低或密封材质冷缩性较大等。

上述现象在试运转中经常出现，有时可以通过适当调整静环座等予以消除，但多数需要重新拆装，更换密封。

机械密封运行一段时间后，动环与静环都会磨损，离心泵在运转中突然泄漏，少数情况是因正常磨损或已达到使用寿命。在不正常的情况下，如输送物料中含有颗粒杂质，弹簧压力不均匀，动环、静环安装偏斜等，都会导致机械密封失效而造成泄漏，并使动、静环很快磨损或产生偏磨现象。

而大多数泄漏是由于工况变化较大或操作、维护不当引起的，如：
- 抽空、汽蚀或较长时间憋压，导致密封破坏；
- 对泵实际输出量偏小，大量介质泵内循环，热量积聚，引起介质汽化，导致密封失效；
- 流量偏大，导致吸入管侧容器（塔、釜、罐、池）底部沉渣泛起，损坏密封；
- 对较长时间停运的离心泵，重新启动时没有手动盘车，摩擦副因粘连而扯坏密封面；
- 介质中腐蚀性、聚合性、结胶性物质增多；
- 环境、温度急剧变化；
- 工况频繁变化或调整；
- 突然停电或故障停机等。

在这几种情况下，一般动环、静环摩擦副都受到严重破坏，基本上都需要重新拆装，更换密封。

（3）机泵机械密封检修中的几个误区。

① 误区一：弹簧压缩量越大，密封效果越好。实际上，弹簧压缩量过大可导致摩擦副急剧磨损，瞬间烧损；过度的压缩会使弹簧失去调节动环端面的能力，导致密封失效。

② 误区二：动环密封圈越紧越好。其实，动环密封圈过紧有害无益。一是加剧密封圈与轴套间的磨损，过早泄漏；二是增大了动环轴向调整、移动的阻力，在工况变化频繁时无法适时进行调整；三是弹簧过度疲劳易损坏；四是使动环密封圈变形，影响密封效果。

③ 误区三：静环密封圈越紧越好。静环密封圈基本处于静止状态，相对较紧密封效果会好些，但过紧也是有害的。一是引起静环密封过度变形，影响密封效果；二是静环材质以石墨居多，一般较脆，过度受力极易引起碎裂；三是安装、拆卸困难，极易损坏静环。

④ 误区四：叶轮锁母越紧越好。机械密封泄漏中，轴套与轴之间的泄漏（轴间泄漏）是比较常见的。一般认为，轴间泄漏就是叶轮锁母没锁紧。其实导致轴间泄漏的因素较多，如轴间垫失效、偏移、轴间内有杂质、轴与轴套配合处有较大的形位误差、接触面破坏、轴上各部件间有间隙、轴头螺纹过长等都会导致轴间泄漏。锁母锁紧过度只会导致轴间垫过早失效，相反适度锁紧锁母，使轴间垫始终保持一定的压缩弹性，在运转中锁母会自动适时锁紧，使轴间始终处于良好的密封状态。

⑤ 误区五：新的比旧的好。相对而言，使用新机械密封的效果好于旧的，但当新机械密封的质量或材质选择不当时，配合尺寸误差较大，会影响密封效果。在聚合性和渗透性介质中，静环如无过度磨损，还是不更换为好。因为静环在静环座中长时间处于静止状态，使聚合物和杂质沉积于一体，起到了较好的密封作用。

⑥ 误区六：拆修总比不拆好。一旦出现机械密封泄漏便急于拆修是不对的，有时密封并没有损坏，只需调整工况或适当调整密封就可消除泄漏，这样既能避免浪费，又可以验证自己的故障判断能力，积累维修经验，提高检修质量。

任务三　悬臂式离心泵的拆装和维护

一、离心泵检修规程

1. 检修周期

小修为3~4个月；大修为12~18个月。

2. 检修内容

（1）小修。① 检修机械密封或更换填料；② 检修轴承，调整间隙，校核联轴器同轴度；③ 清扫并修理冷却水、封油和润滑系统；④ 检查、修理在运行中发生的缺陷和渗漏，或更换零件并紧固各部位螺栓。

（2）大修：① 包括小修项目；② 解体检查各零部件磨损、腐蚀和冲蚀程度，必要时进行修理和更换；③ 检修和调整主轴心线不直度；④ 校核转子径向与端面跳动，必要时做静平衡；⑤ 检查轴承；⑥ 检查并调整轴套、填料、压盖、口环、耐磨衬板、环形压出室、泵体和托架等各处的间隙；⑦ 测量并调整泵体水平度，消除泵体上因进、出口管线支架下沉和吊装松动带来的附加应力；⑧ 校验压力表，更换润滑油。

二、离心泵检修质量标准

1. 主轴部分

(1)轴颈的圆柱度不得大于轴径的 1/2000，最大不得超过 0.03 mm；表面不得有伤痕，粗糙度(Ra)不低于 0.8 μm。

(2)以两轴颈为基准，测量联轴器和轴中段的径向跳动，其允许误差要求如下：直径为 18~50 mm 时，径向跳动允许误差为 0.03 mm；直径为 50~120 mm 时，径向跳动允许误差为 0.04 mm；直径为 120~260 mm 时，径向跳动允许误差为 0.05 mm。

(3)键与槽结合应紧密，不允许加垫片；键与轴的键槽配合过盈量应符合要求(N9/h9)。

2. 转子部分

(1)转子的跳动量符合下述要求：轴径不大于 50 mm 时，轴套的径向跳动不超过 0.04 mm，叶轮口环的径向跳动不超过 0.05 mm；轴径为 50~120 mm 时，轴套的径向跳动不超过 0.05 mm，叶轮口环的径向跳动不超过 0.06 mm；轴径为 121~260 mm 时，轴套的径向跳动不超过 0.06 mm，叶轮口环的径向跳动不超过 0.08 mm。

(2)轴套。

① 轴套与轴不得采用同一种材料，以免咬死。

② 轴套端面对轴心的垂直度不得大于 0.01 mm。

③ 轴套与轴的接触面粗糙度均不低于 1.6 μm，采用 D/d(H7/h6)配合。

(3)叶轮。

① 叶轮在轴上一般采用 D/gd(H7/js6)配合。

② 新装叶轮应找静平衡。找静平衡时，在叶轮外径上允许的不平衡重在 3000 g。工作时，叶轮不平衡重要符合下述规定：叶轮外径不大于 200 mm 时，不平衡重小于 3 g；叶轮外径为 201~300 mm 时，不平衡重小于 5 g；叶轮外径为 301~400 mm 时，不平衡重小于 8 g；叶轮外径为 401~500 mm 时，不平衡重小于 10 g。

③ 叶轮应用去重法进行平衡，但削去的厚度不得大于壁厚的 1/3。

④ 叶轮应无砂眼、穿孔、裂纹或因冲蚀使壁厚严重减薄。

⑤ 叶轮与轴配合时，键顶部应有 0.1~0.4 mm 间隙。

3. 滚动轴承

(1)径向轴承与轴配合采用 H7/k6。

(2)止推轴承与轴配合采用 H7/js6，止推轴承不应压死，一般有 0.02~0.06 mm 间隙。

(3)滚动轴承拆装时，应使用专用工具，要求采用热装，用热油加热到 100~120 ℃，但严禁直接用火焰加热。

(4)滚动轴承的滚子与滑道表面应无腐蚀、坑疤与斑点。

4. 轴向密封

（1）压盖和静环座必须均匀把紧。

（2）压盖和填料函止口的配合为 D4/d4(H7/h8)。

（3）机械密封压盖中，静环内端面防转槽根部与防转销应保持 1~2 mm 轴向间隙，以防止压不紧密封圈和蹩劲。

（4）动环安装：① 零件质量应严格符合技术标准；② 机械密封的弹簧旋向和轴的转动方向要一致，弹簧压缩量一定要符合规定要求，不要任意加大或减小压缩量。

5. 壳体部分

（1）壳体密封环与叶轮的间隙要求为：密封环直径小于 100 mm 时，壳体密封环和叶轮密封环标准间隙为 0.60~0.80 mm，更换间隙为 1.30 mm；密封环直径不小于 100 mm 时，壳体密封环和叶轮密封环标准间隙为 0.80~1.00 mm，更换间隙为 1.50 mm。

（2）环形压出室和耐磨衬板之间的配合采用 D4/d4(H8/h8)。

（3）托架止口和泵体的配合采用 D/d(H7/h7)。

6. 联轴器

（1）联轴器与轴配合采用 D/gd(H7/js6)。

（2）联轴器两端面间隙一般为 3~5 mm。

（3）安装弹性圆柱联轴节时，其橡胶圈与柱销应为过盈配合并有一定压紧力，橡胶圈与联轴器的直径间隙应为 1~1.5 mm。

（4）联轴器的找正符合规定：弹性圆柱销式联轴器径向跳动不超过 0.08 mm，端面跳动不超过 0.06 mm；弹性联轴器径向跳动不超过 0.10 mm，端面跳动不超过 0.06 mm。

（5）联轴器找正时，电动机下边的垫片每组不得超过四块。

三、单级悬臂式离心泵的拆卸

单级悬臂式离心泵的拆卸过程如图 4-44 至图 4-79 所示。

图 4-44 离心泵拆卸前的工具、量具准备

图 4-45 关闭泵的进、出口阀门，排出泵及吸入管路内的介质

图 4-46 从泵体最低处丝堵排出介质

图 4-47 排出轴承箱内的润滑油

图 4-48 拆卸联轴器保护罩

图 4-49 拆卸电动机地脚螺栓

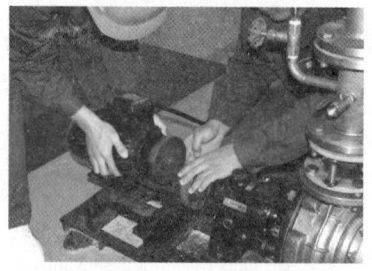

图 4-50 移除电动机

图 4-51 对称松开泵体与泵盖连接螺栓

图 4-52 对称留下的两个连接螺栓最后拆除

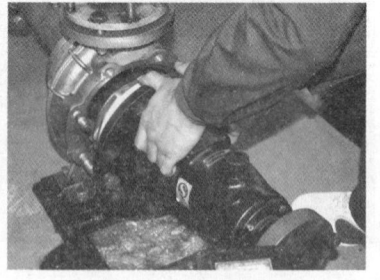

图 4-53 拆除泵轴组

图 4-54　泵轴组结构

图 4-55　拆卸叶轮螺母（注意旋向）

图 4-56　检查机械密封压缩量

图 4-57　拆除叶轮

图 4-58　泵体的结构形式

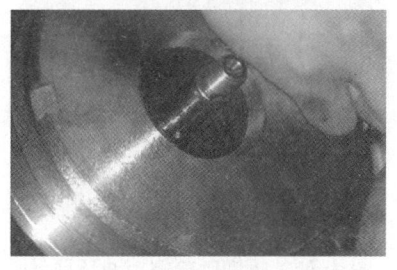
图 4-59　泵盖的结构形式

图 4-60　拆卸机械密封

图 4-61　机械密封压盖及静环

图 4-62 机械密封零件

图 4-63 拆卸甩油环

图 4-64 拆除叶轮与轴连接的键

图 4-65 注意对轴端螺纹的保护

图 4-66 拆卸叶轮侧挡油环顶丝

图 4-67 拆卸叶轮侧轴承压盖螺栓

图 4-68 拆除挡油环及轴承压盖

图 4-69 注意对轴端螺纹的保护

图 4-70　用拉力拆卸联轴器

图 4-71　拆卸联轴器的固定方法

图 4-72　联轴器已被拆下，注意保护

图 4-73　拆卸联轴器与轴连接的键

图 4-74　拆卸联轴器侧挡油环

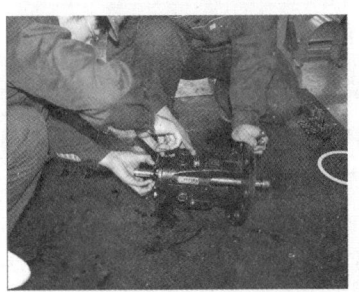

图 4-75　拆卸联轴器侧轴承压盖

图 4-76　联轴器侧轴承压盖上拆卸用的顶丝

图 4-77　拆卸轴组

图 4-78　拆卸轴组(注意保护各部件)　　图 4-79　已解体的泵零部件

1. 检修前的准备

(1) 安全准备。离心泵检修前做好安全检修动员，对检修过程进行安全预想，对检修现场进行环境风险识别；检修人员要按照规范劳保着装，并根据检修作业性质配备特殊防护用具，做好应急预案。

(2) 人员准备。检修人员、相关配合工种人员、质量检查人员和安全人员要到位。

(3) 技术资料准备。在拆装之前，必须备齐必要的图纸资料并阅读泵的说明书，了解泵的详细结构，掌握泵的运行情况、设备运行的基本情况及存在的问题，分析可能出现故障原因等。

(4) 工具、量具准备。备齐检修工具、量具、起重机具、配件和材料。

(5) 备件、材料准备。了解备品、备件库存情况，核对备件基本尺寸与型号是否与待检修设备相符，做好备件外观质量检查，所需材料准备齐全。

(6) 票证准备。办理检修作业票，进行安全风险评价，落实好安全措施，达到安全检修条件；票证各项填写齐全，核对安全措施的落实情况，按照规定履行确认签字手续。

2. 检修条件的确认

(1) 待检设备停工状态确认。要逐项确认，通过目测或手试检查泵的出口阀和入口阀是否关闭，排凝阀是否打开，目测压力表、真空表是否归"零"，是否有介质排出；生产部门确认有毒介质是否已置换完毕，阀门不严需加盲板。

(2) 设备本体温度的确认。设备本体温度应在 80 ℃以下，可通过便携式测温枪检测。

(3) 设备检修现场周围环境确认。做好拆卸前的准备工作。要清理现场，确认有无交叉作业情况；查看护栏平台是否有孔洞需遮挡及平台护栏腐蚀情况；判断是否需要安全带；掌握周围动火、动电情况，有毒、有害、易燃、易爆、高温介质情况，观察周围可能造成伤害的障碍物；等等。

(4) 设备断电确认。确认电源指示灯是否关闭。

3. 拆卸待检修离心泵

在落实以上安全措施后，可对待检修的离心泵进行拆卸检修。

(1)拆卸附属管线并检查、清扫;排出轴承箱内的润滑油。

(2)拆卸联轴器保护罩,检查联轴器对中;设定联轴器(重新装配用)的定位标记,拆卸联轴器。

(3)拆卸轴封压盖螺母/螺栓。

(4)拆卸电动机。拧下电动机与底座螺栓,将电动机与泵联轴器脱离,移开电动机。对于带加长联轴器的机泵,可不拆卸电动机,直接拆卸加长联轴器,之后即可进行下一步工作。

(5)拆卸机座螺栓。机座螺栓位于离心泵的最下方,最易受酸、碱的腐蚀与氧化、锈蚀,长期使用会使得机座螺栓难以拆卸。因而在拆卸时,除选用合适的扳手外,还可用手锤对螺栓进行敲击振动,使锈蚀层松脱、开裂,以便机座螺栓的拆卸。

(6)泵盖和悬架轴承部件与泵体的拆卸。拆前在泵盖与泵体连接处应做好标记,拆下支架与底座的连接螺母,拆卸支脚;对称拆卸泵盖与泵体连接螺栓,对角留两个螺栓(预防没有排净的介质喷出),确认安全后,再将剩余的两个螺栓拆下,这时即可将轴组连同悬架轴承部件拆下。在拆卸时,泵盖与泵壳之间的密封垫有时会出现黏结现象,可用顶盖螺丝将泵盖由泵体顶出,抽出转子。

需要注意的是,螺丝拆卸完毕后,将泵体用钢丝绳拴好,挂到倒链上,稍微带紧两侧的顶丝,将大盖缓慢顶出,同时调整倒链,将泵体吊出。应保存好泵盖与泵体之间的垫片。也可用手锤敲击通心螺丝刀或扁铲,将泵盖与泵壳分离开来。

(7)泵体的拆卸。对于前开式离心泵,由于管路与泵体、泵盖都有法兰连接,在检修时,松开泵体与进口管路和出口管路的连接螺栓,松开泵体与底座的连接螺栓,移开泵体,将泵盖与泵体的连接螺栓松开拆除,将泵盖拆下。

(8)叶轮的拆卸。用专用扳手卡住前端的轴头螺母(也叫叶轮背冒),沿离心泵叶轮的旋转方向拆除螺母,并用双手或拆卸器将叶轮从轴上拉出;也可用两个撬棍对称用力,将叶轮从轴上卸下。若叶轮锈于轴上而拉不动,可在键连接处刷上少许煤油(或松动剂),稍作等待,即可拉出叶轮;取下键并保存好。若叶轮锁母与叶轮之间、叶轮与轴套之间有垫片,应取下保存好。

(9)泵盖与悬架轴承部件的拆卸。拆卸前泵盖与悬架轴承部件连接处先做标记,松开机封压盖(或填料压盖)与泵盖的连接螺栓,松开泵盖与悬架轴承部件的连接螺母,将泵盖与悬架轴承部件拆开,从泵盖中取出机械密封(或填料密封)和轴套;将拆下的零部件按照次序摆放好,注意保存好各连接处的垫片,如有损坏应及时更换。

泵盖在拆除进程中,应将其后端的填料压盖松开,拆出填料,以免拆下泵壳时增加滑动阻力。

(10)泵端联轴器的拆卸。用专用工具拔轮器(拉马)把泵端联轴器从轴端慢慢拉出。操作时拔轮器的丝杠一定要顶正泵轴中心,并使联轴器两侧受力均匀,不可用手锤猛敲,以免造成泵轴、轴承和联轴器损坏。

如果拆不下来,可以用棉纱蘸上煤油,沿着联轴器四周燃烧,使其均匀受热膨胀,这样便会容易拆下;但为了防止轴与联轴器一起受热膨胀,应用湿布把泵轴包好。

(11)泵轴的拆卸。松开挡水圈固定螺钉,取下挡水圈;拆卸轴承压盖螺栓并把轴承压盖拆除(可配合启盖螺丝),注意保存好垫片。将叶轮端盖的轴头螺母拧紧在轴上,并用手锤敲击螺母,使轴向后端退出泵体;或用铜套筒套在轴上顶住轴肩或轴承内圈,将泵轴从轴承箱内敲出。使轴连同轴承从电机端卸下;拆除轴承防松垫片的锁紧装置,用锁紧扳手(色头扳手)拆卸滚动轴承的圆形螺母并取下垫片。用拔轮器从轴上取下轴承,或用专用工具从轴承托架中取出轴承。

滚动轴承的内环与泵为过盈配合时,有时由于过盈量太大,出现难以拆卸的情况。这时,可以采用热拆法进行拆卸。

4. 拆装注意事项

(1)正确使用工具,切不可将扳手当榔头使用。

(2)拆卸配合较紧的零部件时,需用木块垫好后再用手锤轻轻敲打,禁止蛮干。要合理使用专用工具。

(3)拆下来的零件应按次序放好并做好标记,以免碰坏;整机的装配顺序基本与拆卸相反;注意各技术指标应按照图纸或《设备维护检修规程》进行调整。

(4)对于螺栓、垫片等小零件要单独放好,避免丢失;对于贵重零件(如机械密封等)要用小盒单独存放。

(5)对机器配合面等质量要求较高的零件,拆卸时尤要注意,防止擦伤、损坏。

(6)拆卸轴承时应先回收润滑油,以防止造成浪费或污染现场。

(7)拆卸过程中要注意安全,细心保持场地清洁。

四、零部件的清洗、检查与测量

1. 零部件的清洗

对零部件进行清洗是拆卸工作后必须进行的一道工序。经过清洗的零部件才能进行仔细检查与测量。清洗工作的质量将直接影响检查与测量工作的精度。

(1)清洗剂的选择。清洗剂应具有去污力强、易挥发、不腐蚀且不溶解被清洗件等性质。

① 汽油。其去污力强,挥发性也好,被清洗的零部件不需要擦干即会很快地自行干燥,是一种很理想的清洗剂。但汽油易燃、易爆,所以在有条件的情况下,尽量不用其作为清洗剂。

② 煤油和柴油。它们的去污力也很强,但挥发性不如汽油好,被清洗的零部件需要用棉纱或抹布擦干。煤油和柴油的成本很低,是修理工作中广泛应用的清洗剂。

③ 水溶性清洗剂。它成本较低，具有较强的去污性能，可以节约大量的能源。

(2)清洗工具的准备。

① 油盒。它是盛放清洗剂的容器。它是用 0.5~1 mm 厚的镀锌铁皮制成的，一般做成长方形或圆形。油盒的大小可以根据被清洗的零部件大小来选择。

② 毛刷与棉纱。它们是沾取清洗剂对零部件进行清洗或擦拭的用具。毛刷的常用规格(按照宽度计，单位为 mm)有 19，25，38，50，63，75，80，100 等多种。

(3)清洗时应注意的事项。

① 清洗精加工的表面时，应用干净的棉布、毛刷、绸布和软质刮具，不能使用砂纸、硬金属刮刀等。

对零部件的清洗应尽量干净，特别应注意对尖角或窄槽内部的清洗。

清洗滚动轴承时，一定要使用新的清洗剂；对滚动体及内环和外环上跑道的清洗应特别细心、认真。

② 清洗后的零件若不立即装配，应涂上保护油脂并用清洁的纸或布包好，做到防尘、防锈。

③ 用易燃溶剂清洗时，需注意通风良好，并采取防火措施；用煤油或轻柴油将解体后的零部件清洗干净，按照顺序放置好，以备检查和测量。

(4)清洗方法。

① 刮去叶轮内、外表面及密封环等部位积存的水垢，用清水洗净。

② 清理泵体各结合面积存的油垢及铁锈。

③ 用煤油或柴油清洗轴承、轴、轴套。

④ 用煤油清洗泵体润滑油腔，并用抹布擦拭干净。

2. 零部件的检查与测量

(1)转子的检查与测量。离心泵的转子包括叶轮、轴套、泵轴、平键等。

① 叶轮腐蚀与磨损情况的检查。检查叶轮流道是否堵塞，叶轮口环是否磨损。

检查叶轮与轴配合处表面是否光滑，尺寸是否合适；叶轮上键槽的尺寸是否符合要求，键槽边缘是否变形，如有毛刺，可用平锉或砂纸修理。

对于叶轮的检查，主要是检查叶轮被介质腐蚀及运转过程中的磨损情况。另外，铸铁材质的叶轮可能存在气孔或夹渣等缺陷。上述的缺陷和局部磨损是不均匀的，极易破坏转子的平衡，使离心泵产生振动，导致离心泵的使用寿命缩短。

② 叶轮径向跳动的测量。叶轮径向跳动量的大小影响叶轮的旋转精度，如果叶轮的径向跳动量超过了规定范围，在旋转时就会产生振动，严重的还会影响离心泵的使用寿命。

③ 轴套磨损情况的检查。轴套的外圆与填料函中的填料之间的摩擦，使得轴套外圆

上出现深浅不同的若干条圆环磨痕。这些磨痕将影响轴向密封的严密性，导致离心泵在运转时出口压力的降低。轴套磨损情况可先用千分尺或游标卡尺测量其外径尺寸，再将测得的尺寸与标准外径相比较来检查。一般情况下，轴套外圆周上圆环形磨痕的深度不得超过 0.5 mm。

④ 泵轴的检查与测量。离心泵在运转中，如果出现振动、撞击或扭矩突然加大的现象，可能会使泵轴弯曲或断裂。应用千分尺对泵轴上的某些尺寸（如与叶轮、滚动轴承、联轴器配合处的轴颈尺寸）进行测量。

⑤ 键连接的检查。泵轴的两端分别与叶轮和联轴器相配合。平键的两个侧面应与泵轴上键槽的侧面实现少量的过盈配合，而与叶轮孔键槽及联轴器孔键槽两侧应为过渡配合。检查时，可使用游标卡尺或千分尺进行相关的尺寸测量，如果平键的宽度与轴上键槽的宽度之间存在间隙，无论间隙值大小，都应根据键槽的实际宽度，按照配合公差重新锉配平键。

(2) 滚动轴承的检查。

① 滚动轴承构件的检查。其主要事项有：滚动体有无缺陷，轴承内、外环有无缺陷，轴承保持架有无缺陷。

滚动轴承清洗后，应对各构件进行仔细的检查，如有无裂纹、缺损、变形及转动是否轻快自如等。在检查中，如果发现有缺陷应更换新的滚动轴承。

② 轴向间隙的检查。滚动轴承的轴向间隙是在制造的过程中形成的，这就是滚动轴承的原始间隙。但是经过一段时间的使用之后，这一间隙会有所增大，降低轴承的旋转精度。所以，对滚动轴承轴向间隙进行检查时，可采取"手感法"；或用一只手握持滚动轴承的外环，沿轴向做猛烈摇动，如果听到较大的响声，同样可以判断该滚动轴承的轴向间隙大小。

③ 径向间隙的检查。滚动轴承径向间隙的检查与轴向间隙的检查方法相似。同时，滚动轴承径向间隙的大小基本上可以从它的轴向间隙大小来判断。

(3) 泵体的检查与测量。

① 检查泵体有无裂纹；检查泵体口环的磨损情况。

② 泵体损伤的检查：由于振动或碰撞等原因，可能造成泵体上产生裂纹。可采用手锤敲击的方法进行检查，即用手锤轻轻敲击泵体的各个部位，如果发出的响音比较清脆，说明泵体上没有裂缝；如果发出的响声比较混浊，则说明泵体上可能存在裂缝。也可用煤油浸润法来检查泵体上的穿透裂纹，即将泵体灌满煤油，等待 30 分钟后进行观察，如果泵体的外表有煤油浸出的痕迹，则说明泵体上有穿透的裂纹。

(4) 密封组件的检查。

① 检查机械密封（或填料密封）的磨损情况。

② 清洗检查各密封面有无磕碰、划痕，清理掉遗留的垫片，检查垫片是否完好，若有问题应及时更换；检查机封动环、静环的密封面有无划痕（尤其是径向划痕）、损伤，若有问题应及时修理或更换。

③ 检查动环与轴之间、静环与机封压盖之间，以及机封压盖与泵盖之间的问题密封点或密封圈是否完好，若有问题应及时更换。

④ 检查机封弹簧是否收缩自如。

⑤ 若为填料密封，检查填料的磨损情况，及时更换新填料。

（5）轴承托架的检查。

① 清洗检查轴承，检查滑道有无损伤、转动是否灵活。

② 检查轴承座孔的尺寸是否符合要求。

轴承箱的轴承孔与滚动轴承的外环形成过渡配合，它们之间的配合公差为 0～0.02 mm。可采用游标卡尺或内径千分尺对轴承孔的内径进行测量，然后与原始尺寸相比较，以确定磨损量的大小。除此之外，还要检查轴承孔内表面有没有出现沟纹等缺陷。

（6）各连接处的检查。

① 检查各螺纹连接处，检查螺纹有无损伤，有无乱扣、滑扣、有无裂纹；螺杆有无弯曲，螺母有无损坏，螺栓或螺母的六方有无拧圆。若有问题应及时修理或更换。

② 检查联轴器的连接处有无磨损、划伤、裂纹；检测其尺寸和形状是否符合要求。

③ 清洗检查叶轮。

④ 检查泵轴上键槽侧面的磨损情况，若有问题应及时修理。

五、离心泵主要零部件的修理

1. 叶轮的修理

叶轮与其他零件摩擦所产生的偏磨损可采用"堆焊"的方法来修理。不同材质的叶轮的堆焊方法是不同的。堆焊后，应在车床上将堆焊层车到原来的尺寸。

当由于叶轮受介质的腐蚀或冲刷造成层厚减薄，铸铁叶轮出现气孔或夹渣，以及振动或碰撞出现裂纹时，一般会用新的备品配件进行更换。如果必须进行修理时，可用"补焊法"来进行修复。补焊时，根据叶轮的材质不同，采用不同的补焊方法。

叶轮进口端和出口端的外圆，其径向跳动量一般不应超过 0.05 mm。如果超过得不多（在 0.1 mm 以内），可以在车床上车去 0.06～0.1 mm，使其符合要求。如果超过很多，应该检查泵轴的直线度偏差，用矫直泵轴的方法进行修理，消除叶轮的径向跳动。

2. 轴套的修理

轴套是离心泵的易磨损件之一。如果磨损量很小，只是出现一些很浅的磨痕时，可以采用"堆焊"的方法进行修复，堆焊后再车削到原来的尺寸。如果磨损比较严重，磨痕较深，就应该更换新的轴套。

3. 泵轴的修理

泵轴的弯曲方向和弯曲量测出来后,如果弯曲量超过允许范围,可利用压力矫直或火焰矫直的方法对泵轴进行矫直。

图 4-80 所示为轴的压力矫直。此法适用于硬度低于 HRC35 和直径长度比值较小的轴。用螺旋压力机、油压机或螺旋千斤顶等进行施压矫直。具体操作为:测量弯曲最高点、作出标记→轴两端用 V 形铁支起(轴下垫铜、铝等软料)→变形最大处凸面加压,保压 1.5~2 min→变形最大处凹面垫铜板后,用手锤敲击铜板三下→卸压并测量→循环施压至符合要求。

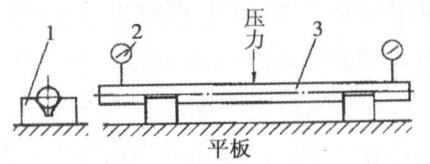

图 4-80　轴的压力矫直示意图

1—V 型铁;2—千分表;3—轴

火焰矫直是用氧-乙炔火焰对变形凸出部位的一点或几点快速加热,使被加热区金属膨胀,当温度足够高时,膨胀的金属受到未加热金属的阻碍而被压缩产生塑性变形;当加热区温度急剧下降时,材料屈服极限上升,加热区金属收缩只能产生弹性收缩变形。一次加热不能恢复时,可重复进行几次,直到变形消除。加热温度以不超过材料相变温度为宜,一般为 200~700 ℃。具体操作为:找出弯曲最大处凸点,确定加热区→按零件直径确定火焰喷嘴→均匀变形和扭曲采用条状加热,变形严重加热区多用蛇状加热,加工精度高的细长轴用点状加热→快速冷却→检测→重复加热,矫直至要求。火焰矫直的关键是弯曲的位置及方向必须找对,加热火焰也要和弯曲的方向一致,否则会出现扭曲或更多的弯曲。

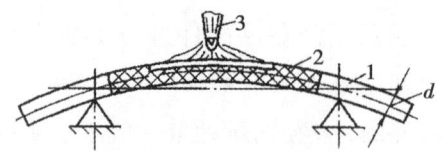

图 4-81　轴的热矫直示意图

1—轴;2—石棉芯;3—加热用氧-乙炔火焰喷嘴

如图 4-81 所示,在轴弯曲部位用湿石棉布包扎,凸出部位开一个长方孔,用 0.5~1.0 mm 气焊枪,调节氧压为 0.05 MPa,乙炔压力为 0.02~0.03 MPa,火焰白心离表面 2~3 mm,对准开孔处加热。当温度达 500~600 ℃时将轴放到空气中冷却或浇水冷却,使弯曲部位产生反向变形。矫直后对加热区低温退火,以消除应力。

受局部磨损的泵轴,磨损深度不太大时,可用"堆焊法"进行修理,堆焊后应在车床上车削到原来的尺寸。如果磨损深度较大时,可用"镶加零件法"进行修理。

磨损很严重或出现裂纹的泵轴一般不修理,用备品配件进行更换。

泵轴上键槽的侧面如果损坏较轻微,可使用锉刀进行修理。如果出现歪斜较严重的现象,应该用"堆焊"的方法来进行修理。修理时,先用电弧堆焊出键槽的雏形,然后用铣削、刨削或手工锉削的方法,恢复键槽原来的尺寸和形状。除此之外,还可用改换键槽位置的方法进行修理。

4. 泵体的修理

泵体滚动轴承的外环在泵体轴承孔中产生相对转动时,便会将轴承孔的内圆尺寸磨大或出现台阶、沟纹等缺陷。对这些缺陷进行修理时,应首先将泵体固定在镗床上,把轴承孔尺寸镗大,然后按照镗后轴承孔的尺寸镶套。

铸铁泵体出现夹渣或气孔,泵体因振动、碰撞或敲击出现裂纹时,采用补焊或黏结的方法进行修理。

六、离心泵的装配

离心泵的装配按照与拆卸顺序相反的顺序进行:① 将轴承用专用工具装在轴上;② 将泵轴连同轴承装入轴承座中;③ 安装两侧轴承端盖;④ 安装机封;⑤ 安装泵盖与悬架轴承部件;⑥ 安装轴套、叶轮,锁紧螺母,调整叶轮与口环间隙;⑦ 将泵体与泵盖连接,调整泵体与泵盖间隙,使叶轮流道与泵体出口管对齐;⑧ 拧上泄液管堵、放油管堵及管线上的排液阀。

当然,要保证一台离心泵装配后能正常、安全运行,其装配过程并不是简单的几行文字就能说清,即使它的零部件质量完全合格,如果装配质量达不到技术要求,它同样不能正常工作,甚至会出现事故。装配工作完成之后,应将整机安装在机座上并进行找正;对安装新离心泵,应先将机座安装在基础上,并找平、找正、找标高,二次灌浆,然后安装泵和电动机,再找正、找标高,并把泵与管路连接。

为顺利进行装配工作,首先应明确装配要求。

1. 装配技术要求

(1)装配合格的单级离心泵,应该盘转轻快,无机械摩擦现象。

(2)泵轴不应产生轴向窜动。

(3)离心泵的半联轴器与电动机半联轴器,装配的同轴度偏差符合技术要求。

(4)添加的润滑油、润滑脂应适量,并且牌号符合使用说明书的要求。

(5)设备清洁,外表无尘灰、油垢。

(6)基础及底座清洁,表面及周围无积水、废液,环境整齐、清洁。

2. 装配前的准备工作

(1) 仔细阅读泵的有关技术资料，如总图、零件图、使用说明书等。

(2) 熟悉泵的组装质量标准。

(3) 检查泵的零件是否齐全，质量是否合格。

(4) 备齐所使用的工具、量具等。

(5) 准备好泵所需的消耗性物品，如润滑油、石棉盘根等。

3. 装配顺序

各种型号的离心泵，由于其结构不同，装配顺序自然不会一致。以 IS 型单级单吸离心泵为例，装配顺序为：装配轴组，即把轴承装配在泵轴上；将轴组装入泵体，将泵体安装在机座上；将泵盖套装在泵轴上，并安装叶轮；将泵盖安装在泵体上，把泵体安装在机座上；装填料；联轴器找正。

4. 轴组的装配

离心泵轴组的装配包括泵轴与滚动轴承内环的装配、泵体轴承孔与滚动轴承外环的装配等。

(1) 轴承的装配。滚动轴承装配在泵轴上时，它的内环与轴颈之间以少量的过盈相配合，通常过盈值为 0.01~0.05 mm。轴颈的直径较小者，过盈值取较小值；轴颈的直径较大者，过盈量取较大值。将滚动轴承装配到泵轴上时，应该加力于内环，使内环沿轴肩推进到轴肩或轴套处为止。滚动轴承与轴颈的装配方法有以下几种。

① 使用手锤和铜棒来安装滚动轴承。滚动轴承内环与轴颈之间过盈值较小时，可利用铜棒做衬垫，使铜棒的一端置于滚动轴承的内环上，用手锤敲打铜棒的另一端，使滚动轴承的内环对称、均匀地受力，促使轴承平稳地沿轴颈推进，如图 4-82(a) 所示。

② 使用专门的套筒安装滚动轴承。使用套筒装配滚动轴承时，先将泵轴竖直放在木板上或软金属衬垫上，把滚动轴承套在轴上并摆放平正，然后放上套筒，使套筒的开口端顶在滚动轴承的内环上，用手锤敲打套筒带盖板的一端，推动滚动轴承内环沿轴颈向下移动，直至轴肩处为止，如图 4-82(b) 所示。

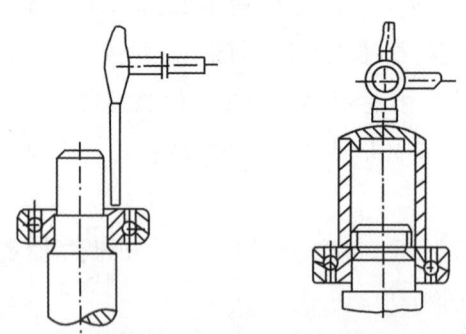

(a) 利用手锤和铜棒装配轴承　　(b) 利用套筒装配轴承

图 4-82　滚动轴承的装配

套筒可用薄壁钢管制成。钢管的内径应比滚动轴承的内径大 2~4mm,它的长度应比轴头到轴肩的长度稍长一些。钢管的两个端面应在车床上车平,并在其一端焊上一块盖板,具体结构形状如图 4-83 所示。

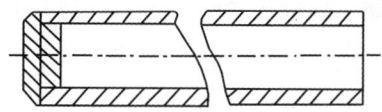

图 4-83 套筒

③ 借助套筒,用螺旋压力机装配滚动轴承。滚动轴承内环与轴颈之间的过盈值稍大时,可以用压力机将滚动轴承装配在轴颈上。

④ 用热装法或冷装法装配滚动轴承。滚动轴承内环与轴颈之间的过盈值较大时,可以采用热装法或冷装法来装配。所谓热装法就是将滚动轴承放入机油中,并对机油进行加热,使滚动轴承内环遇热膨胀,就可以顺利地将滚动轴承套在轴颈上,然后,令其自然冷却至常温,如图 4-84 所示。对机油进行加热时,温度应控制在 100~200 ℃,温度过高,易使滚动轴承退火;温度过低,轴承内环的膨胀量太小,不便于安装。为了防止机油的温度过高,可将机油盒放在水槽中,用火焰对水进行加热。滚动轴承在机油中放置时,应将轴承用筛网托起,以便使其受热均匀,避免滚动轴承局部产生过热现象。

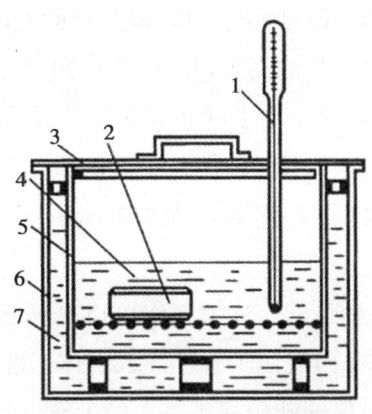

图 4-84 滚动轴承用热装法的加热装置示意图
1—温度计;2—轴承;3—盖;4—机油;5—机油槽;6—加热水槽;7—水

所谓冷装法就是将轴颈放在冷冻装置中,冷冻至 -80~-60 ℃,然后将轴立即取出来,插入滚动轴承的内环中,待轴颈的温度上升至常温即可。冷冻装置中常用的冷冻剂有干冰或液态氮等,由于它们的成本较高,因此很少使用。

使用热装法或冷装法装配滚动轴承时,不采取任何机械强制措施,所以,对原有的过盈值不会破坏,进行装配时既省时又省力,且易于达到装配质量要求。

滚动轴承装配好以后,应加上防松垫片,然后用锁紧扳手将圆形螺母拧紧,并把防松垫片的外翅扳入圆形螺母的槽内，防止圆形螺母回松。

将装配好的轴组装入泵体内。为此，应先将叶轮背帽用手拧紧在轴头螺丝上，把联轴器端的轴头穿过泵体的前轴承孔，使滚动轴承的外环与轴承孔对正，并用手锤敲击叶轮背帽，迫使泵轴与滚动轴承一起进入泵体。然后，用垫片调整法调整轴承压盖凸台的高度，使之与滚动轴承外端面到泵体轴承孔端面的深度相同。这种方法易于将轴安装到正常工作位置。最后，将轴承压盖盖在泵体的轴承孔上，并将压盖螺栓拧紧。

装配好的轴组在泵体中应盘转灵活轻便，不产生轴向窜动和径向跳动。

(2) 叶轮的装配。叶轮的内孔与轴颈之间为间隙配合，其配合间隙值为 0.10~0.15mm。试装叶轮时，应使叶轮在轴颈上只有滑动而不产生摆动。间隙太小时，可以采用锉削的方法使轴径的尺寸减小一些，也可以在车床上将叶轮的内孔车大一些，以便保证应有的间隙。间隙太大时，则应更换新的叶轮，以免因为间隙太大而影响叶轮的旋转精度。

叶轮装配到轴肩处时，其出口处应正对着泵体的出口管，不应产生轴向位移。叶轮背面与泵体之间不应产生摩擦，但是它们之间的轴向间隙又不能太大。如果此处的轴向间隙过大，则会增加轴向密封的泄漏量。为了适当减小此处的轴向间隙，可重新调整前后两轴承压盖上垫片的厚度，即将泵的液体入口侧的前轴承压盖的垫片厚度减薄，将靠近联轴器处的后轴承压盖的厚度加厚。在调整轴承压盖垫片厚度的过程中，应使前后轴承压盖的总厚度与原来装配的总厚度相等，即前轴承压盖垫片减去的厚度与后轴承压盖垫片增加的厚度相等。在调整垫片的同时，将泵轴稍向后敲打，使之窜动一个很小的距离，然后压紧轴后压盖，这样，就减小了叶轮背面与泵体之间的轴向间隙。如果叶轮背面与泵体之间因间隙太小而发生摩擦，则调整垫片的方法同上，只是将后轴承压盖的垫片减薄，前轴承压盖的垫片加厚，并且使泵轴向前窜动一个很小距离即可。

5. 泵体及泵盖的装配

(1) 后开门式泵体及泵盖的装配。这项工作可以分两步：第一步是把泵体安装在机座上；第二步是把转子、泵盖等组成的组合件装入泵体，然后将整机安装在机座上。

这项装配工作的关键是要保证叶轮处于正常的工作位置。依靠泵盖与泵体的配合面来保证叶轮入口与泵体上的密封环的同轴度，泵体与泵盖之间的垫片有密封和调整叶轮轴向位置的双重作用。安装时，应先装上垫片，然后沿轴向将叶轮连同泵盖推入泵体，拧紧泵盖螺栓，边拧边盘动泵轴，注意叶轮与密封环有无擦碰，若有，应及时调整。

密封垫可使用橡胶板或橡胶石棉板等材料制作。

各部间隙调整好以后，即可用螺栓将泵盖与泵体紧固在一起。

(2) 前开门式泵体及泵盖的装配。为了将泵体装配在整机上，应该先将轴向密封的各个零件从前端套在泵轴上，然后将泵体中心孔穿过叶轮背帽，使泵体的后面与整机的支承面相接触，并旋转泵体，使泵的出口朝向适当的方向。穿入泵体与整机的连接螺栓，并拧紧这些螺栓,完成泵体的装配。

泵盖位于泵体与叶轮的前面,在它的中心孔处镶配有密封环,密封环位于叶轮进口端的外侧。因为密封环与叶轮进口端之间的径向间隙很小,所以在装配泵盖时,应仔细调整密封环与叶轮进口端之间的径向间隙,确保它们之间不产生丝毫的摩擦。同时,在安装泵盖时,泵盖与泵体的接触面之间应该加密封垫,这样,既可避免泵体内液体由此处向外泄漏,又可借助于密封垫厚度的调整来改变叶轮与密封环之间的轴向间隙。

最后,将泵整体就位于机座上,拧紧机座螺栓,将整台泵与机座紧固在一起。

6. 联轴器的装配

联轴器又称靠背轮,它是用来连接电动机和离心泵的一种特殊零件。单级离心泵常用的联轴器多为凸缘盘式的,被联轴器连接的两根轴的旋转中心线应该位于同一条直线上,所以在进行电动机和离心泵的装配时,必须对两个半联轴器进行找正、对中。

联轴器的找正是修理和装配工作中的一项很重要的工作。找正的质量对离心泵的正常运转有很大的影响。找正质量差,两个半联轴器对中误差就大,这会在轴与联轴器之间产生很大的附加应力,从而产生不正常的噪声及振动,使联轴器发热,并会影响离心泵的正常工作,甚至出现设备事故。

七、试车与验收

1. 试车前的准备

(1)检查检修记录,确认检修数据正确。

(2)单试电机合格,确认转向正确。

(3)热油泵启动前要预热,温升速度不得超过 50 ℃/h,每半小时盘车 180°。

(4)润滑油、封油系统、冷却水系统投用正常,零附件齐全好用。

(5)盘车无卡涩现象和异常声响,轴封渗漏符合要求。

2. 试车

(1)离心泵严禁空负荷试车,应按照操作规程进行负荷试车。

(2)试车一开始应立即进行检查,检查轴承温度、振动、声音冷却及润滑情况,各项指标应符合表 4-1 的规定,其他工艺参数应符合工艺要求。

表 4-1 试车参数

项目	标准
轴承部位振动	双幅值不大于 0.06 mm;速度不大于 4.5 mm/s
轴承温度	滑动轴承不大于 65 ℃;滚动轴承不大于 70 ℃
润滑油温度	一般不大于 40 ℃
机械密封泄漏量	轻质油不大于 10 滴/分钟;重质油不大于 5 滴/分钟
填料密封泄漏量	轻质油不大于 20 滴/分钟;重质油不大于 10 滴/分钟

3. 验收

(1)连续运行 24 h 后,各项技术指标均达到设计要求或能满足生产需要。

(2)达到完好标准。

(3)检修记录齐全、准确,按照规定办理验收手续。

任务四　中开式双支承离心泵的拆装与维护

一、中开式双支承离心泵结构

中开式双支承离心泵主要有单级双吸离心泵和多级离心泵两种结构形式。在我国,这种泵目前有 SH 型和 S 型两种。这两种泵的主要区别在于压水室的形式不同。S 型泵的压水室采用矩形结构,使结构简化、铸造方便。由于表面铸造质量提高,一般效率还有提高,故目前有 S 型泵取代 SH 型泵的趋势。

1. 中开式多级离心泵

中开式多级离心泵的泵壳一般都是螺旋线形的蜗壳,泵壳在通过主轴中心线的平面上分开,每个叶轮都有相应的蜗壳,相当于将几个单级蜗壳泵装在同一根轴上串联工作,所以又称蜗壳式多级泵。由于泵体是水平中开式,吸入口和排出口都直接铸在泵体上,检修时很方便,只要把泵盖取下即可取出整个转子,不需拆卸连接管路。叶轮通常为偶数对称布置,能平衡轴向力,所以不需设置平衡盘。它的缺点是体积大、对铸造加工技术要求较高。中开式多级离心泵的流量范围为 450~1500 m^3/h,最高扬程可达 1800 m。

2. 中开式单级离心泵

按照泵轴的安装位置的不同,可将单级双吸离心泵分为卧式和立式两种。立式单级双吸离心泵是卧式泵的一种变种。泵轴立式安装,除上、下两轴承体内装有向心球轴承外,上端轴承体内还装有止推球轴承,以承受泵的轴向推力及转动部分的重量。立式泵可使泵房平面面积减小,布置紧凑;但安装、维护不如卧式方便。图 4-85 所示为单级双吸离心泵剖面结构图。

单级双吸离心泵实际上相当于两个单级叶轮背靠背地装在同一根轴上并联工作,所以流量比较大。由于叶轮采用双吸式叶轮,叶轮两侧轴向力相互抵消,因此不必专门设置轴向力平衡装置。现在以水平剖分式单级双吸离心泵为载体来说明双支承双吸离心泵的维护与检修。

如图 4-85 所示,单级双吸离心泵的吸入口与排出口均在泵轴心线的下方,与轴线垂直成水平方向。检修时无须拆卸进、出水管及电动机。从传动方向看去,水泵为顺时针方向旋转(根据用户需要也可改为逆时针方向旋转)。泵主要零件包括叶轮、泵体、泵盖、轴、双吸密封环、轴套等。泵体与泵盖构成叶轮的工作腔。在进、出口法兰上,开设有安装真空表和压力表的管螺孔。在泵盖的上部吸入蜗室和排出蜗室最低点,制有灌泵

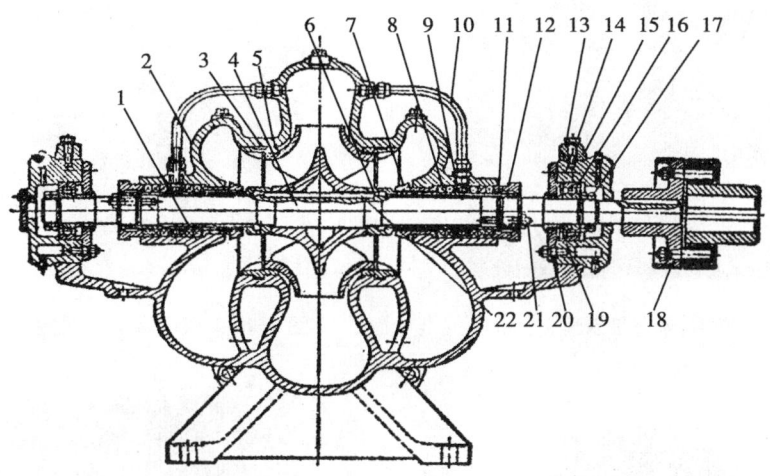

图 4-85 单级双吸离心泵剖面结构图

1—泵体；2—泵盖；3—叶轮；4—泵轴；5—双吸密封环；6—轴套；7—填料套；8—填料；9—填料环；
10—水封管；11—填料压盖；12—轴套螺母(右)；13—固定螺栓；14—轴承架；15—轴承体；16—轴承；
17—圆螺母；18—联轴器；19—轴承挡套；20—轴承盖；21—双头螺栓；22—键

时排气的管螺孔。在泵体的下部吸入蜗室和排出蜗室最低点，制有放水的管螺孔。叶轮经静平衡校验后，用轴套和两边的轴套螺母固定在轴上，其轴向位置可通过轴套螺母进行调整。泵轴由安装在泵体两端的两个单列向心球轴承支承，两边因此也称为双支承结构。双吸密封环用以减少泵内介质从压力室漏回吸水室。密封环保护泵壳免于磨损，本身为易损零件，磨损后可以备件更换。泵通过弹性联轴器由电动机直接传动。轴封可采用填料密封。为了冷却润滑密封腔和防止空气漏入泵内，在填料之间可设液封环，泵工作时少量高压介质通过液封管流入填料腔起液封作用。轴封也可采用机械密封结构。

二、中开式单级离心泵的检修

1. 单级双吸式离心泵的拆卸

图 4-86 至图 4-93 为双吸离心泵整体结构。

图 4-86 双吸离心泵侧面结构

图 4-87 双吸离心泵泵体及转子

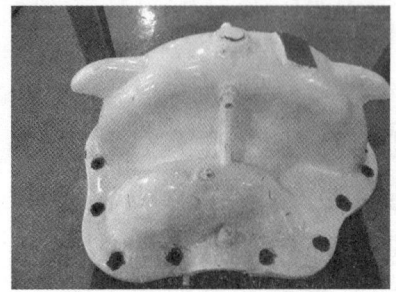
图 4-88 双吸离心泵泵盖(外部)

图 4-89 双吸离心泵泵盖(内部)

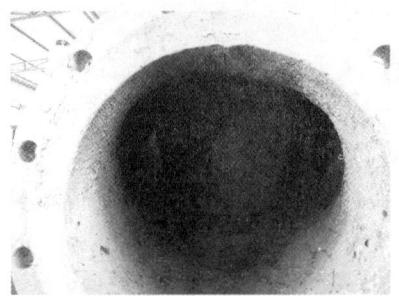
图 4-90 双吸离心泵吸入口
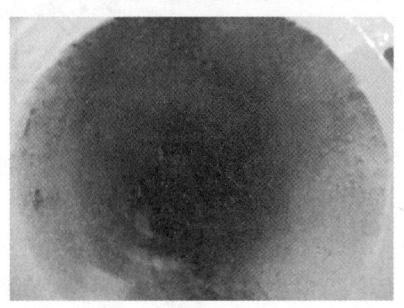
图 4-91 双吸离心泵排出口

图 4-92 双吸离心泵的轴承、填料及压盖

图 4-93 双吸离心泵的密封环

中开式单级双吸离心泵拆卸步骤：拆除联轴器护罩→拆除连接螺钉→拆卸控制油管、水封管→拆卸泵体与泵盖连接螺栓(包括填料压盖螺栓)→吊离泵盖→拆卸泵体两端轴座螺钉→拆卸泵体口环→将叶轮与轴等转子组吊离机座→拆泵轴上联轴器→拆键→拆卸卡环→拆卸轴承体→拆卸挡水圈→拆卸定位套筒→拆卸密封压盖→拆卸机械(填料)密封→拆卸机械(填料)密封轴套→拆卸定位环→拆卸卡环→拆叶轮→拆卸卡环→拆卸键。

水平剖分式(中开)离心泵的具体拆卸过程如下。

(1)拆除联轴器护罩，在联轴器上做好标记并测量其轴向间隙和同心度数值，然后拆卸联轴器。

(2)拆卸控制油管、水封管、冷却水管等附属管线。

(3)松开填料密封压盖螺栓或机械密封的静环部分。

(4)放出轴承箱内的润滑油。

(5)拆卸泵体与泵盖连接螺栓,起吊并拆卸泵体上盖。

(6)拆卸前、后轴承箱连接螺栓。

(7)拆卸泵体叶轮两侧双吸密封环。

(8)起吊叶轮与轴等转子组,并将其放在专用支架上。

(9)拆开轴承箱两端端盖,取出油圈。

(10)用专用工具拆下轴承箱。

(11)用钩扳手拆卸固定轴承的圆螺母,用专用工具取下轴承。

(12)拆下机械(填料)密封。

(13)检查转子组的各部位磨损、弯曲、晃动度等,并做好记录。

(14)拆下轴套、定位套等,拆下叶轮。

2. 单级双吸式离心泵的装配

中开式单级双吸离心泵的装配步骤:轴键→叶轮→卡环→定位环→密封环→机械(填料)密封轴套→机械(填料)密封→密封压盖→挡水圈→轴承套筒→轴承体→卡环→键→泵轴→叶轮轴入机座→两端轴座→泵盖→连接联轴器→联轴器护壳→控制油管等附属工艺管线。

水平剖分式(中开)离心泵的具体装配过程如下。

(1)装配叶轮与轴等转子部件:依次将叶轮、轴套、轴套螺母、填料套、填料环、填料压盖、挡水圈、轴承部件装在泵轴上,并套上双吸密封环,然后装上联轴器。

(2)分别检查转子部件上叶轮的密封部位外圆,轴套外圆径向跳动应不超过表4-2中的规定。

表4-2 轴套外径的跳动量

名义直径	≤50	>50~120	>120~250	>250~500	>500~800	>800~1250
跳动量	0.03	0.04	0.05	0.06	0.08	0.10

(3)将转子部件装在泵体上,调整叶轮的轴向位置到两侧双吸密封环的中间并加以固定,将轴承体压盖用固定螺钉紧固。

(4)装上填料,放好中开面纸垫,盖上泵盖,拧紧螺尾锥销,拧紧泵盖螺母,最后装上填料压盖。但不要将填料压得太紧,填料过紧会使轴套发热,同时耗用功率大;也不要将填料压得太松,填料过松液体渗漏大,水泵效率降低。所以应在运行时予以调节。

装配完成后,用手转动泵轴,没有擦碰现象,转动比较轻滑、均匀即可。

3. 安装调试

（1）检查水泵和电动机应无损坏。

（2）泵的安装首先要满足装置汽蚀余量 NPSHa 大于泵的必须汽蚀余量 NPSHr，使泵在运行时不发生汽蚀。基础尺寸应符合泵机组的安装尺寸。

（3）安装顺序如下。

① 将水泵放在埋有地脚螺栓的混凝土基础上，用调整其间的楔形垫块的方法校正水平，并适当拧紧地脚螺栓，以防窜动。

② 在基础与泵底脚之间灌注混凝土。

③ 待混凝土干固后，拧紧地脚螺栓，重新检查泵的水平度。

④ 校正电动机轴与水泵轴的同心度，使两轴成一条直线；两个联轴器外圆上的不同心度允差为 0.1 mm，端面间隙沿圆周的不均匀允差为 0.3 mm（在连接进、出水管路及试运行后再分别校核一遍，仍应符合上述要求）。

⑤ 在检查电动机转向与水泵转向相一致后，装上联轴器的连接柱销。

（4）进、出水管路应另设支承，不得借泵本体支承。

（5）水泵与管路之间的结合面应保证良好的气密性，尤其是进水管路必须保证严格的不漏气，并且在装置上无窝存空气的可能。

（6）如水泵安装在进水水位以上时，为了灌泵启动，一般可装底阀，也可采用真空引水方法。

（7）水泵与出水管路之间一般需要装闸阀和止回阀（扬程小于 20 m 的可不用），止回阀装在闸阀后面。

以上所述的安装方法是指不带公共底座的水泵机组。对配带公共底座的泵机组的安装，只要调整底座与混凝土基础之间的楔形垫铁来校正泵机组的水平，然后于其间灌注混凝土即可。其安装原则与要求和不配带公共底座的泵机组的安装原则与要求相同。

三、中开式单级离心泵的运行

1. 启动与停车

（1）启动前，用手盘动泵的转子，应该轻快、灵活、无卡滞。

（2）关闭排出口阀门，向泵内注入（对无底阀的泵则用真空泵抽空引入介质）要保证泵内充满介质，无空气窝存，特别注意泵内蜗壳的最高点处的排气孔要打开。

（3）如果泵上装有真空表或压力表上有小阀门，要先将其关闭，再启动电动机，待转速正常后再打开；然后逐渐打开排出口阀门，调节泵的流量，如流量过大，可以适当地关小阀门进行调节，反之则将阀门开大。

（4）观察并均匀地拧紧填料压盖上的压紧螺母，使液体成滴状漏出（在允许的范围内），同时注意填料腔处的温升情况。

（5）停止泵运转时，要先关闭真空表及压力表的阀门及排出管路上的阀门，然后关闭电动机的电源。所处环境的温度较低时，则应将泵体下部的排液螺塞打开，排除泵内介质，以防冻裂。

(6)对于长期停止使用的泵,应拆开泵体进行检查,处理后妥善保管。

2. 运转

(1)轴承最高温度不应超过 75 ℃。

(2)润滑轴承用的钙基黄油的数量以占轴承体空间的 1/3~1/2 为宜。

(3)填料磨损时可适当压紧填料压盖,若磨损过多应加以更换。

(4)定期检查联轴器部件,注意电动机轴承温升。

(5)运转过程中,如发现噪声或其他不正常的声音时,应立即停车检查其发生原因并加以消除。

(6)不得任意提高水泵的转速,但可以降低转速。转速降低后,可用比例定律重新对流量、扬程和轴功率进行换算。

任务五　分段式多级离心泵的拆装与维护

多级泵有分段式多级离心泵和中开式多级离心泵两种。分段式多级离心泵是一种垂直剖分多级泵,它由一个前段、一个后段和若干个中段组成,并用螺栓连接为一体,泵轴的两端用轴承支承,泵轴中间装有若干个叶轮,叶轮与叶轮之间用轴套定位,每个叶轮的外缘都装有与其相对应的导轮,在中段隔板内孔中装有壳体密封环。叶轮一般是单吸的,吸入口都朝向一边,按照单吸叶轮入口方向将叶轮依次串联在轴上。为了平衡轴向力,在末级叶轮后面装有平衡盘,并用平衡管与前段连通。其转子在工作时可以左右窜动,靠平衡盘自动将转子维持在平衡位置上。轴封装置对称布置在泵的前段和后段轴伸出部分。

图 4-94　分段式多级泵外形图

一、拆卸前的准备工作

(1)查阅有关技术资料,了解上次检修记录和泵的运转情况,备齐必要的图纸和资料。

(2)备齐检修工具、量具、起重机具、配件及材料。

(3)切断电源,使机泵与外界能量隔离;放净泵内介质;确认已经具备设备安全拆卸的条件。

(4)识别风险,落实削减措施,办理施工作业票。

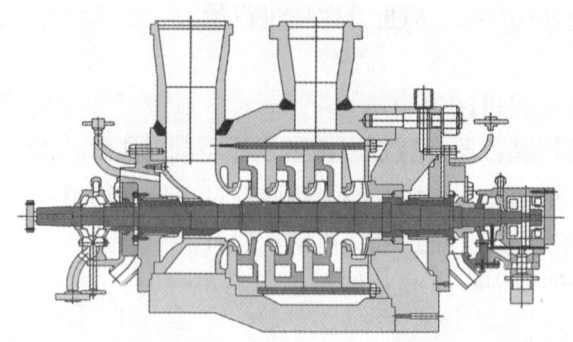

图 4-95 分段式多级离心泵结构图

二、离心泵的拆卸

(1)在联轴器上做好标记,并测量其轴向间隙和同心度数值,拆下联轴器。

(2)将泵体附属的冷却水管、封油管、平衡管等管线全部拆下。

(3)拆下轴承压盖、轴套螺母及轴承托架(轴承体)与进水段螺栓。

(4)拆下填料压盖,并取出填料,拆下水封环,用专用工具拆卸轴套。

(5)同理,拆去后半部分的轴承托架、填料压盖、填料、轴套。

(6)拆去尾盖,并用专用工具拆下平衡盘。

(7)按照顺序给拉紧螺柱编号,并测量每根螺柱的伸出长度及总伸出长度。

(8)对称松开拉紧螺柱螺母,在对称180°的位置留下两根螺柱,抽去其他拉紧螺柱。

(9)拆下泵进水段、叶轮螺母及进水段叶轮。

(10)解体泵的中段。

(11)拆下泵出水段、出水段导轮、叶轮。

拆卸时,零件应轻拿轻放,不能磕碰,不能摔伤,不能落地。

在拆卸时,应将拆下的各段外壳、叶轮、键等零件按照顺序排好、编号,不能弄乱,在回装时一般按照原顺序回装。有些组合件可不拆的尽量不拆。

拆卸完毕,应把轴承、轴、机械密封等用煤油清洗,检查有无损伤、磨损过量或变形,决定是否修理或更换。去掉各段之间垫片,除去锈迹。

不得松动电动机地脚螺栓,以免影响安装时泵的找正。图 4-96 至图 4-105 是五级分段式多级泵的简化拆卸过程。

图 4-96 五级分段式多级泵外形

图 4-97 拆卸两端轴头支架(轴承箱)

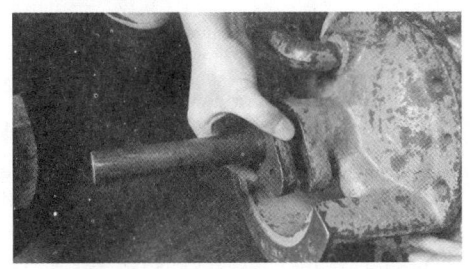
图4-98 拆卸两端填料压盖

图4-99 拆卸尾盖

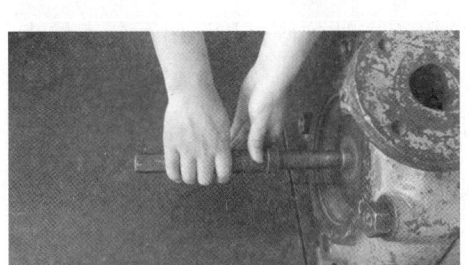
图4-100 拆卸末端密封轴套

图4-101 拆卸拉紧螺柱

图4-102 拆卸前端密封轴套

图4-103 拆卸进水段泵体

图4-104 中段泵体

图4-105 五级分段式多级泵零部件

三、拆卸后质量的检查

1. 磨损零件的测量

用卡钳或内径百分尺测量进水段及各中段导叶轮上的密封环内径的尺寸,用游标卡尺及卡钳测量叶轮吸入口处密封环的尺寸,并判断大小和磨损情况,测量叶轮外径,测量导叶轮内孔铜套内径,确定与定位轴套的间隙。

2. 泵轴的检修

先用清洗剂将泵轴清洗干净,在光线明亮的地方进行检查;检查表面是否有沟痕和磨损,以及填料轴封部位磨损程度;然后用千分尺检查主轴颈圆柱度,用百分表检查其直线度,必要时用超声波、磁性探伤或着色检查,看是否有裂纹。对于弯曲的泵轴可进行矫直处理。如果损坏严重已影响到泵轴的机械强度或已有裂纹,应立即进行更换。

3. 叶轮的检修

观察叶轮端腐蚀、冲蚀的程度,测量其基本尺寸,进行静平衡检查。

(1)叶轮口环磨损的处理。叶轮口环磨损可以上车床对磨损部位进行车削,消除磨损痕迹,根据车削后的叶轮口环直径加工轴承环配环,以保持原有间隙。

(2)叶轮腐蚀或汽蚀损坏的处理。当离心泵叶轮被腐蚀或汽蚀时,除了采用"补焊法"修复外,还可用环氧胶黏结剂修补。

(3)叶轮与轴配合松动的处理。当叶轮与轴配合过松时,可以在叶轮内孔镀铬后再磨削,或在叶轮内孔局部补焊后上车床车削。

(4)叶轮键槽与键配合松动的处理。当叶轮键槽与键配合过松时,在不影响强度的情况下,根据磨损情况适当加大键槽宽度,重新配键。在结构和受力允许时,也可在叶轮原键槽相隔90°或120°处重开键槽,并重新配键。

无论修复叶轮还是更换新叶轮,都要做静平衡试验,必要时进行动平衡试验。

4. 轴套、平衡盘的检修

(1)轴套损坏处理。轴套是易损件,在轴套表面产生点蚀或磨损后,一般都采用更换法。

(2)平衡盘检修。多级离心泵平衡盘装置在装配和运转中常出现的问题是平衡盘与平衡环接触表面磨损,出现这种情况会造成泵在运行过程中液体大量内泄漏,最终导致平衡盘失效,起不到平衡转子轴向力的作用,因此要对这种情况进行检查和处理。

检查平衡盘与平衡环两个接触面接触情况时,先在平衡盘和平衡环两个接触面的一个面上涂上薄薄一层红丹,然后进行对研,根据红丹接触面积大小判断两个结合面接触是否达到要求。一般两者之间接触面积应达75%以上。若是轻微磨损,可在两个接触面之间涂细研磨砂进行对研。如果磨损严重,则要上车床进行修复或更换。图4-106是利用百分表测量平衡盘端面圆跳动和轮毂径向圆跳动的示意图。

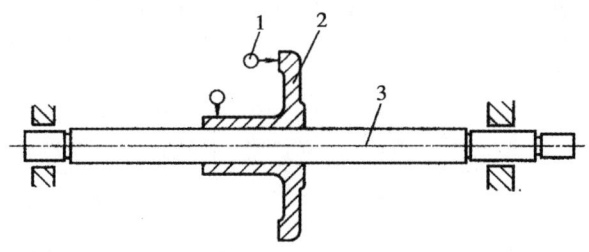

图 4-106 平衡盘端面圆跳动和轮毂径向圆跳动的测量示意图

1—百分表；2—平衡盘；3—泵轴

5. 转子径向和端面圆跳动的测量及处理

转子包括泵轴、叶轮、轴套、轴承等转动零部件。在组装时，将各零件套装在轴上，并用锁紧螺母固定。由此可知，转子各零件接触端面的误差（各端面不垂直的影响）都集中反映在转子上。如果转子各部位径向跳动值过大，则泵在运转中会比较容易产生摩擦。因此，多级离心泵在总装配前转子部件要进行小装。对小装后的转子要进行径向和端面圆跳动检查，以消除超差因素，避免因误差积聚而到总装时造成超差现象。

每一种旋转泵的转子，它各部位的径向圆跳动值和端面圆跳动值是不相同的，但测量方法基本相同，其操作如下。

（1）转子径向圆跳动值的测量。先将转子放在两个 V 形铁上，把转子上每个测量部位的圆周分成若干等份，例如分为六等份，如图 4-107 所示。在测量部位上装上百分表，表的测量头要垂直于轴线。按照同一方向慢慢转动转子，每转过一等份记录一个读数。转子转动一周后，每个测点都得到六个读数，把这些读数记录在表格中，如表 4-3 为某多级离心泵轴套部件各测点径向跳动记录表。

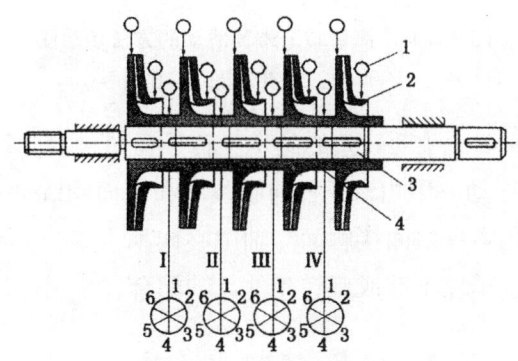

图 4-107 测量转子径向跳动示意图

1—百分表；2—叶轮；3—轴；4—轴套

表 4-3　离心泵转子轴套部件各测点径向跳动记录表　　　　　单位：mm

测点	转动位置						跳动量
	1 0°	2 60°	3 120°	4 180°	5 240°	6 300°	
Ⅰ	0.21	0.23	0.22	0.24	0.20	0.19	0.05
Ⅱ	0.32	0.30	0.31	0.33	0.31	0.30	0.03
Ⅲ	0.30	0.28	0.29	0.33	0.35	0.32	0.07
Ⅳ	0.34	0.33	0.33	0.35	0.34	0.35	0.02

根据记录计算各测点最大跳动值，将同一测点最大读数减去最小读数的差值就是该测点部位的径向跳动值。

(2) 转子端面圆跳动值的检查。叶轮装到轴上测量其端面圆跳动值，主要是确保叶轮端面与轴中心线的垂直度符合要求。用一个百分表垂直指在叶轮的轮盘侧面，把表针调整到"零"位。盘动叶轮旋转一周，百分表的最大读数与最小读数的差值就是叶轮的端面跳动值。要特别注意，转子转动一周后百分表应复位到"零"位，否则说明轴有轴向窜动或表头松动，应设法消除。平衡盘端面圆跳动值的测量也是这样操作的。图 4-108 所示为测量转子端面跳动的方法。

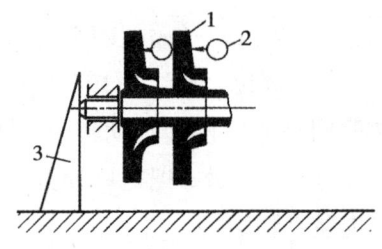

图 4-108　测量转子端面跳动的方法示意图
1—叶轮；2—百分表；3—挡块

(3) 转子径向跳动和端面跳动超差的处理。转子径向跳动和端面跳动超差会引起转子与定子发生偏磨或轴振动。影响转子径向圆跳动和端面圆跳动超差的原因很多，例如轴本身已弯曲，或转子各零件之间接触面与轴中心线不垂直，压紧轴套后使轴产生新的弯曲，也可能是零件加工精度不够或旋转零件与轴配合过松引起径向圆跳动和端面圆跳动超差。

由轴弯曲引起跳动超差的，应先将轴矫直再组装检查。

由各零件之间接触面与轴中心线不垂直引起跳动超差的，应对转子各组件的接触端面进行研磨修理，其操作方法为：车一根假轴，轴颈与实际轴颈一样（假如轴与零件配合为过盈配合，可改成间隙配合来测量）；按照顺序把第一个叶轮装上假轴，在叶轮轮毂端面与轴肩涂上研磨膏进行研磨，研磨完毕用涂色法检查接触情况，直到合格为止；然后再装上相邻的隔套或第二个叶轮,与第一个叶轮轮毂的另一侧端面相研磨;依次把转子各零件的接触端面进行配研,直到合格后,按照安装顺序打上标记。

由加工误差引起零件两接触端面不平行的,可用游标卡尺或外径千分尺测量确定。偏差过大可将零件夹在车床上,用心轴定位,在同一找正情况下加工另一侧端面,使其符合要求。

6. 离心泵壳体止口间隙检查

分段式多级离心泵的两个泵壳之间及单级泵托架和泵体之间都是止口配合的,如果止口间隙过大,会影响泵的转子和定子的同心度,因此必须进行检查修复。检查两个泵壳止口间隙的方法是将相邻两个泵壳叠起,在上面泵壳的上部放置一个磁性百分表座,夹上一个百分表,表头的触点与下泵壳的外圆接触,如图4-109所示。随后按照图中箭头方向将上泵壳往复推动,百分表上的读数差就是止口之间的间隙。在相隔90°的位置再测一次。一般止口间隙在0.04~0.08 mm,如间隙大于0.10~0.12 mm就需要进行修理。单级泵托架和泵体止口的修理与此方法相同。

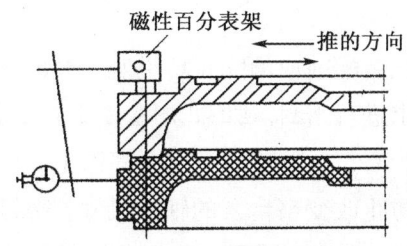

图4-109　泵壳止口间隙检查示意图

四、分段式多级离心泵的组装

1. 组装顺序及技术

分段式多级离心泵拆卸完毕,经清洗、除锈、检查、测量,更换或修复不合格的零部件,排除泵的故障之后,就要将其回装,恢复其工作结构。在回装时,要严格按照组装顺序和组装技术要求进行,精确地控制各零部件的相对位置和相对间隙,避免零件磕碰,杜绝违章操作。

在组装时要先对转子部件进行小装,对小装后的转子进行检查,以消除超差因素,避免因超差积累而到总装时超差。合格后,将各个零件的方位做好标记,最后进行组装及调整。具体过程如下:

(1)阅读资料和装配图,并在回装过程中随时查阅;

(2)转子部件的小装;

(3)吸入盖、泵轴、第一级叶轮的组装;

(4)安装第一级导轮;

(5)用相同的办法安装中段、尾段及相应的叶轮;

(6)穿上长杆螺栓,预紧,将泵放置水平;

(7)安装平衡盘;

(8)安装两端的轴承座、轴承,安装轴封;

(9)安装电动机与泵之间的联轴器,找正。

2. 组装中的注意事项

组装时,所有螺栓、螺母的螺纹都要涂抹一层铅粉油。组装最后一级叶轮后,要测量其轮毂与平衡盘轮毂两个端面间的轴向距离,根据此轴向距离决定其间挡套的轴向尺寸。挡套与叶轮轮毂、平衡盘轮毂之间的轴向间隙之和为 0.30~0.50 mm。因为泵在开车初期,叶轮等轴上零件先受较高温度的介质的影响,而轴受热影响在其后,它们的膨胀有时间差。留有 0.3~0.5 mm 的轴向间隙,是为防止叶轮、平衡盘等先膨胀而互相顶死,造成对泵轴较大的拉伸应力。

五、分段式多级离心泵装配质量要求

1. 各段泵壳的组装

分段式多级泵各段泵壳在装配前应消除止口毛刺。装配时各段之间的结合面密封应根据泵制造厂使用说明书要求进行密封。如果说明书没有要求的,为防止渗漏,可在结合面上涂上密封胶。涂密封胶时,不用整个密封面都涂上,只要沿密封面涂上一周不断路的窄带形密封胶即可。为防止改变整台泵的轴向尺寸,密封胶层不能太厚。

分段式多级离心泵的前段、中段和后段,是依靠拉紧螺栓的紧力使各段之间轴向密封面紧密贴合来实现固定和密封的。有的制造厂在说明书中给出了拉紧螺栓的紧力值,组装时可方便地按照规定值上紧螺栓即可。

分段式多级离心泵的装配重点,是转子的轴向定心,它是保证工作轮与导流器对中和平衡盘与平衡环标准平均间隙的关键环节。一般有平衡盘的泵,转子每边的标准轴向间隙为±0.2 mm,即两边总共为 0.4~0.5 mm。由于泵各段中的同名零件较多且外形相似,而各段的壳体、叶轮、轴套和密封环的大小及规定的轴向尺寸偏差有所不同,所以在拆卸时都必须将所有零部件加以编号,并将每个零件的轴向尺寸记录下来,以便装修。

2. 窜量的测量和调整

离心泵的窜量是指转子与定子之间的轴向间隙。离心泵的窜量有总窜量和单窜量之分。在没有装平衡盘时测得的窜量为总窜量,在装平衡盘后测得的窜量为单窜量。泵在总装时,不仅要检查转子的总窜量大小,同时还要确保转子轴向对中,也就是使叶轮出口流道中心线与导叶流道中心线重合。不同结构的离心泵的窜量测量方法和允许值大小各不相同。对于泵轴两端由滑动轴承支承、转子带有平衡盘的多级离心泵,在组装时窜量的测量和调整应按照以下方式进行。

(1)装前段、前轴套、第一级叶轮及中间段;上紧大螺栓固定进水段及中间段;将转

子推向一端极限位置，用钢板尺在泵一端找好测量基准，记下转轴某一位置的长度；再将转子推向另一端极限位置，这时在尺的刻度上可读出某一位置的移动量，移动量数值即所测的窜量，也可用百分表在进口端的轴端测量转子两个极限位置移动量。

（2）用同样方法，每装配一段测量窜量一次，并做好记录。

（3）装完最后一级叶轮及后段，并上紧大螺栓，测量窜量，这就是泵的总窜量。

（4）装完平衡盘后，同样推动转子测窜量，所测窜量为泵的单窜量。

离心泵窜量过小容易引起叶轮与泵壳磨损，相反则降低泵的效率。不同结构的泵，其窜量允许值一般不相同。对于热油泵，考虑到热伸长后转子向前移动，所以入口端的窜量要比出口端的窜量大 0.5~1.0 mm。离心泵每段总窜量太小可以车短口环的长度，总窜量太大可以补焊或更换口环。离心泵单窜量的调整可以通过车短平衡盘轮或在平衡盘轮毂前加减垫片来调整出口端窜量。

3. 分段式多级离心泵转子与泵壳同轴度的测量调整

多级离心泵的转子和泵壳之间各处的径向间隙应相等，如果转子在泵壳内上下左右间隙不相等，会造成转子轴心线与泵壳轴心线在垂直和水平方向不同心，转子旋转后会发生动摩擦、静摩擦，严重时甚至盘不动车，所以必须对其同轴度进行调整。同轴度的调整，是通过对泵两端瓦座的三枚调整螺钉的调节来实现的，具体操作方法如下。

（1）先卸开泵两端的上、下轴瓦，使转子自由落下处于泵壳的最底部，这时转子与泵壳下部的间隙为零。

（2）在泵前、后轴瓦部位装上百分表，表头垂直指在轴的最上部，把表调回零，然后轻轻地同时抬起转子的两端，直到抬不动为止，记录百分表读数，这时百分表上的读数是在没有装下瓦时的读数。

（3）将泵两端下瓦装上，重新将百分表表头指在原来的位置上，还是轻轻地同时抬起转子的两端，直到抬不动为止，检查百分表的读数。如果读数为在没有装下瓦时的读数的一半，则说明转子与泵壳同轴度在上、下方向的调整工作完成；如果不是一半，可通过调整轴瓦两端的三枚调节螺钉来达到要求。

（4）左、右方向的调整，可根据轴到两边瓦座口的距离来判断，其调整方法参照上下方向调整方法。

上下同心与左右同心要同时进行调节是比较困难的。因为当调节完其中一项后再调节第二项时，前者已调节好的数据可能遭到破坏，所以两者要反复调节，直至转子与泵壳同心为止。

因泵在运行时轴瓦内润滑油会形成油楔将转子向上托起，所以在调节上、下方向同心时，往往有意识地将转子中心定在偏离泵壳中心下方的 0.03~0.05 mm 处。

六、分段式多级离心泵的试车与验收

1. 试车前的检查及准备

(1)检查检修记录,检修质量应符合检修规程要求,确认检修记录齐全、数据正确。

(2)检查润滑情况,若不符合要求,应及时更换或加注。

(3)冷却水系统应畅通无阻。

(4)盘车无轻重不均的感觉,无杂音,填料压盖不歪斜。

(5)热油泵启动前一定要暖泵,预热升温速度不高于每小时 50 ℃。

2. 负荷试车

(1)空负荷试车。泵的各项性能指标符合技术要求,可进行负荷试车,空负荷试车有以下步骤。

① 盘车并开冷却水。

② 灌泵。

③ 启动电动机,注意观察泵的出口压力、电动机电流及运转情况。

④ 缓慢打开泵的出口阀,直到正常流量。

⑤ 用调节阀或泵出口阀调节流量和压力。

(2)负荷试车。负荷试车应符合以下要求。

① 运转平稳无杂音,润滑冷却系统工作正常。

② 流量、压力平稳,达到铭牌能力或查定能力。

③ 在额定的扬程、流量下,电动机电流不超过额定值。

④ 各部位温度正常。

⑤ 轴承振动振幅:工作转速在 1500 r/min 以下,应小于 0.09 mm;工作转速在 3000 r/min以下,应小于 0.06 mm。

⑥ 各接合部位及附属管线无泄漏。

⑦ 轴封漏损应不高于下列标准。填料密封:一般液体,20 滴/分钟;重油,10 滴/分钟。机械密封:一般液体,10 滴/分钟;重油,5 滴/分钟。

3. 验收

检修质量符合规程要求,检修记录准确齐全,试车正常,可按照规定办理验收手续,移交生产。

七、多级离心泵的安全操作规程

1. 启动前的准备

(1)检查机组附近有无妨碍运转的物体,拿掉机器上的杂物,清理干净现场。

(2)检查各轴承的润滑油是否充足与变质,润滑油不足应加入适量的润滑油;润滑油变质应更换润滑油。

（3）电动机和水泵固定是否良好，各地脚螺栓、紧固件、安全防护罩是否牢固可靠。

（4）电气开关及电机接地线是否完好、可靠。检查电机的转向是否正确。

（5）检查轴封是否完好，人工盘车 2~3 圈，检查转动部件是否正常，泵能否轻便地盘车。

（6）检查管道及阀门是否完好，各阀门开关是否正确，压力表是否灵敏可靠；启动泵前，应用输送的液体灌泵，排除泵内的空气，并关闭出口管路上的阀门。

2. 启动泵

（1）检查各项准备工作是否完善，完成后便可启动泵。

（2）待泵转速稳定，打开各种仪表的开关。

（3）启动后电流表指针摇动到指定位置，慢慢开启出口阀门，泵进入正常运行状态。离心泵启动后关闭出口管路上的阀门的时间，不得超过 3 min。如果时间过长，会引起平衡盘装置的磨损和机械密封摩擦副的损坏。

（4）启动泵时要注意泵的电流等读数及泵的振动情况，振动位移的幅值不得超过 0.06 mm。

（5）轴封的泄漏情况是泵工作情况好坏的重要标志，泄漏量应符合检修规程要求。

3. 停泵

（1）在停车前应先关闭压力表和真空表阀门，再将排水阀关闭。

（2）切断电源。

（3）待泵冷却后，关闭吸入阀、冷却水、机械密封冲洗水等。

（4）放尽泵内液体，以防在寒冷季节结冰，冻裂泵体。

（5）做好清洁工作。

4. 调泵操作

（1）按照启动要求启动备用泵。

（2）等备用泵运行正常后，进行切换，故障泵停车，关闭故障泵出口阀门与进口阀门。

5. 日常维护工作内容

（1）操作人员必须熟悉所用离心泵的结构、性能、工作原理及操作规程。

（2）泵在运转过程中，定期补加或者更换润滑油，注意检查电机、轴承是否超温，各紧固件是否松动，有无异常响声等，如发现异常应立即处理。

（3）应定期进行维修保养，压力表每半年校验一次。

（4）保持泵及周围场地整洁，及时处理跑、冒、滴、漏现象；泵在运转过程中严禁触及或擦拭转动部件。检修时，如果泵体及管道内存有有毒或腐蚀性化学物料，检修人员应佩戴必要的防护用品，设法放净泵内物料并进行冲洗直至达到安全检修条件后，方可进行修理。

(5)遇有下列情况之一,应作紧急停车处理:① 泵内发出异常的声响;② 泵突然发生剧烈振动;③ 电流超过额定值持续不变,经处理无效;④ 泵突然不排液。

任务六　离心泵的运行和维护

为了保证生产过程的正常连续进行,必须保持泵的正确操作,安全运行,加强对泵机组的监视、维护、保养和检修。要确保做好这些工作,就要认真负责,严格按照操作规程办事。现就一般离心泵(以水泵为主)的常规操作规程和维护知识分述如下。

一、离心泵的启动

离心泵启动前必须充分做好各项准备工作,以免启动后吸不上水或发生损坏机件的事故。

1. 启动前的检查

为了保证安全运行,泵启动前应对整个机组做全面仔细的检查,以便发现问题,及时处理。检查内容有以下几方面。

(1)检查泵的各处螺丝是否松动。如泵和原动机底脚螺栓、联轴器螺栓和管路连接法兰螺栓等有松动、脱落等现象,应予拧紧和补齐。

(2)检查泵轴承中的润滑油是否充足、干净或变质等。如发现油内含有杂质、砂粒或铁屑等,应予更换,以免磨损轴承;同时还要检查油量是否符合规定要求。

(3)检查泵填料松紧是否适宜。用手盘动联轴器或皮带轮查看泵轴转动是否灵活轻便,并且不应有金属摩擦的声音。如填料已发硬,可将其取出浸在机油或热黄油内,变软后再逐圈装入;如填料已干枯变质失效,必须更换新填料。

(4)检查排液管上的闸门阀开、闭是否灵活。

(5)清除妨碍工作的杂物。机组上的工具及其他物件应移开。对水泵要检查进水池内是否有漂浮物,吸水管口有无杂物阻塞等。

(6)检查泵的转动方向是否正确。一般离心泵的叶片都是后弯式的,如叶轮倒转,泵就无法正常工作。如初次使用或重新安装的泵,应检查旋转方向。检查方法为:合上闸刀开关,然后又迅速拉开,看泵轴的放置方向是否与蜗壳由小变大的方向一致。如为一致,则旋转方向是正确的;如不一致,说明旋转方向反了,应对三相电动机进行调相。

2. 预灌

离心泵无自吸能力,在启动离心泵时,如泵中没有液体,则由于泵内仅有密度很小的空气,叶轮的转动不能在吸液口处形成足够的吸力,因而不能将液体吸上。因此,在离心泵开动之前一定要进行预灌,使泵内全部充满液体后再行启动。如吸液池面比泵吸入口高,则进行预灌是极为方便的。但如池面比泵的位置低,则为了防止预灌液的外流,必须在泵的吸液管端装一个带过滤网的止底阀。

对于小型水泵多采用人工灌水法,从泵壳上专用灌水孔或从出水管口向泵内灌水;对大、中型水泵常由泵排水管处的蓄水池向泵内充水。有时也采用真空泵抽气充水,即用真空泵把泵内的吸水管中的空气抽出,使吸水池的水进入泵内,然后进行启动。

3. 停车

离心泵要停车时,应先关闭压力表、真空阀,再关闭排出阀,使泵轻载,同时防止液体倒灌。然后停转电动机,关闭吸入阀、冷却水、机械密封冲洗水等。

(1)离心泵装置在停车后,仍然要做好清洁工作。

(2)在寒冷季节,尤其在室外的泵,在停车后应立即放去泵内的液体,以防结冰冻裂泵体。

(3)热态工作的备用泵,尤其是多级离心泵,每班要盘车一次(半转),以免泵轴长期定向自重产生残余变形。一般的备用泵,也应定期启动一次。

(4)泵要定期检修,检查并更换不合格的易损零件,清洗管路,尤其是底阀、过滤器等。

(5)长期备用的泵,应将泵拆开来,擦去水渍、铁锈,在加工面和螺栓上涂上油,再装起来,妥善做好保管工作。

二、离心泵的保养

保养是一种正常状态下的定期维护,目的是消除自然磨损、腐蚀等因素的影响,保证泵正常、高效地运行。

离心泵的保养分三个等级,即"一保""二保""三保"。

1. 一级保养

(1)保养时间。离心泵运行240 h左右后,要进行一级保养。

(2)保养内容。

① 对泵的润滑及冷却系统进行检查与维护,确保两系统工作正常。

② 检查并紧固泵的底座、端盖、泵壳、轴承支架等连接部位的螺丝、螺栓,确保无松动滑扣现象。

③ 检查并维护各管线、阀门、阀兰等,确保不渗不漏。

④ 检查并调整前后轴封的工作情况,确保轴封温度不超过80 ℃,每分钟泄漏量在30~60滴,压盖与轴套无摩擦现象。

⑤ 检查联轴器,确保各连接螺丝松紧一致,受力均匀,无松动、滑扣现象。

⑥ 检查压力表,确保指针运转灵活、准确,接头无松动、滑扣、渗漏现象。

⑦ 检查并清洗过滤器,保证清洁、畅通,滤网无损坏。

⑧ 对泵机组整体进行擦拭、清洁、保养。

2. 二级保养

(1)保养时间。离心泵运行 500~1000 h 后,要进行二级保养。

(2)保养内容。

① 首先完成"一保"的内容。

② 根据泄漏情况拆检密封装置,检查机械密封的动、静环密封端面、轴封装置与 O 形圈或填料磨损情况,必要时进行更换。

③ 检查上、下轴瓦和向心推力轴承,必要时研磨轴瓦,更换推力轴承。

④ 检查电机与泵轴的同心度,校对联轴器。

⑤ 检查轴承油盒、轴承箱内润滑油、油环等,确保油质清洁、无杂质、颜色正常,油环不变形、无毛刺。清洗润滑油箱和过滤器。

⑥ 检查泵轴的窜动量,应不超过 6 mm(一般在 2~6 mm)。

3. 三级保养

(1)保养时间。离心泵运行 2000~3000 h 后,要进行三级保养。

(2)保养内容。

① 完成"二保"的内容。

② 检查转子径向和端面跳动,测量电机和泵的振动。

③ 检查滑动轴承,测量轴瓦间隙;检查滚动轴承,确认滚珠、滚道及隔离架均无损坏;检查推力轴承,测定推力盘瓢偏度和偏向间隙,刮研推力瓦片;检查平衡盘磨损情况,测定瓢偏度。

④ 检查泵轴、轴套的表面腐蚀磨损情况(腐蚀麻点不超过轴长的 1/10,深度不大于 0.1 mm,腐蚀点面积不大于 10 mm^2,轴套表面无明显磨损为好)。

⑤ 检查轴向间隙和窜量,轴向采用止推滚动轴承的泵,其端面圆与轴承压盖的间隙为 0.08~0.15 mm,可做纸垫压在压盖端面圆上进行调整。

⑥ 检查、修理润滑油泵和封油泵,检修冷却、润滑和封油系统的油箱、冷却器、过滤器及管线。

⑦ 检验压力表和温度计。

三、常见故障及其排除方法

技术人员或操作工应了解离心泵的常见故障和排出故障的方法,以利于在工作过程中及时发现并处理其故障,保证生产的正常进行。

泵在运转过程中,由于本身的机械原因,或工艺操作、高温、高压及物料腐蚀等原因,常会造成故障。故障的出现,就是矛盾的暴露。排除事故的过程,也就是分析矛盾和解决矛盾的过程。而故障往往表现为各种现象,如扬程降低、流量不足、轴承发热、有异常噪声和振动等,应该透过现象对故障情况做具体分析,找出原因,采取措施,才能排除故障,使泵进入正常运转。

离心泵常见的故障及处理方法有以下几种。

1. 泵泄漏严重

(1)故障可能发生的原因：① 填料太松或密封件损坏；② 泵轴与驱动机轴线不一致，轴弯曲；③ 轴承或密封环磨损太多，形成转子偏心；④ 密封件安装不当或密封液压力不当。

(2)故障排除方法：① 压紧填料或更换密封件；② 调整对正轴线，维修校正泵轴；③ 更换轴承、密封环，并校正轴线；④ 正确安装密封件或设置合适的密封液压力。

2. 泵输不出液体或出力不足

(1)故障可能发生的原因：① 泵壳或吸气管内有空气，管路漏气；② 泵或管路内有杂物堵塞；③ 泵的转速不符或旋转方向不对；④ 液体在泵内或吸入管内气化；⑤ 泵的扬程不够；⑥ 密封环磨损过多或密封件安装不当。

(2)故障排除方法：① 从排气管排气或重新灌注，拧紧漏气处；② 检查并清除杂物；③ 按要求匹配转速或改变驱动机的旋转方向；④ 减少吸入管路阻力、降低输送温度或正压进泵；⑤ 减少排出系统阻力，按照液体重度黏度进行换算；⑥ 更换密封环或重新安装密封件。

3. 泵发生振动或噪声

(1)故障可能发生的原因：① 泵壳或吸气管内有空气；② 液体在泵内或吸气管内气化；③ 泵的排量过小，出现喘振；④ 泵轴与驱动机轴线不一致，轴弯曲；⑤ 泵轴或密封环磨损过多，形成转子偏心；⑥ 轴承盒内油过多或太脏；⑦ 泵或管路内有杂物堵塞。

(2)故障排除方法：① 从排气管排气或重新灌泵；② 减少吸入管路阻力，降低输送温度或正压进泵；③ 增大流量或安装旁通循环管；④ 调整对正轴线，维修校正泵轴；⑤ 更换轴承、密封环，并校正轴线；⑥ 按照油位计加油或更换新油；⑦ 正确安装密封件或设置合适的密封液压力。

4. 泵或轴承过热

(1)故障可能发生的原因：① 液体在泵内或吸气管内气化；② 泵的排量过小，出现喘振；③ 泵轴与驱动机轴线不一致，轴弯曲；④ 泵轴或密封环磨损过多，形成转子偏心；⑤ 轴承盒内油过多或太脏；⑥ 密封件安装不当或密封液压力不当。

(2)故障排除方法：① 减少吸入管路阻力，降低输送温度或正压进泵；② 增大流量或安装旁通循环管；③ 调整对正轴线，维修校正泵轴；④ 更换轴承、密封环，并校正轴线；⑤ 按照油位计加油或更换新油；⑥ 正确安装密封件或设置合适的密封液压力。

四、泵的日常检查

泵的日常检查主要是指离心泵运行中的检查，包括以下几项内容。

1. 查表

观察泵出口压力表、管线压力表、电流表、电压表等仪表,看其参数是否平稳,并根据变化进行及时的调节,确保各运行参数在正常范围内。

2. 查温度

检查泵、电机轴承温度情况,其中滚动轴承不得超过 80 ℃,滑动轴承不得超过 70 ℃,电机轴承不得超过 80℃(用手摸时,感到烫手,只能短时间停留)。

3. 查润滑

检查润滑油油面高度和油环工作情况(润滑油油位应在油杯的 2/3~3/4)。

4. 查密封

检查泵盘根密封情况(每分钟滴液 30~60 滴为宜)。

5. 查振动

检查泵与电机的振动情况,转速为 2900 r/min 时,振动应小于 0.06 mm;转速为 1450 r/min 时,振动应不大于 0.08 mm(用手摸时,感到比平常振动大则考虑是否振动超标)。

6. 查进、漏气

检查泵和管路有无渗漏和进气的地方,特别要保证吸入管和吸入端盘根不漏(可将小纸条靠近被检查部位,若纸条向里贴则表示漏气)。

7. 听声音

听各部声音是否正常,发现异常声音应立即停泵检查。

8. 查液位

检查泵吸液罐的液位情况,防止泵抽空(在低液位时,要加强检尺)。

9. 盘车

对停运和备用泵机组,每天盘车一次,使轴旋转 180°,以防止泵轴弯曲。

表 4-4　泵的日常检查内容

检查项目	内容	措施
各种仪表	压力、流量、液位、温度、电流值	记录
轴承	温度、声响、振动	
轴封	泄漏	发现问题,及时处理
管路	泄漏、振动	
润滑油	油温、油位、油质	
冷却水	流量、压力、温度	

表4-4(续)

检查项目	内容	措施
备用泵	盘车	定期进行
	管路泄漏	发现问题,及时处理
	轴封泄漏	
	油位、油质	
	防冻防凝	

五、离心泵的倒泵

在日常的化工生产中,为保证生产连续进行,离心泵一般为一开一备,离心泵的切换、倒泵操作也就是很正常的操作。倒泵的步骤如下。

(1)按泵的启动程序启动备用泵。

(2)一人缓缓开启备用泵出口阀;另一人同时关闭待停泵的出口阀。在此过程中,操作要平缓,注意泵出口压力的波动不能过大。

(3)备用泵运转正常后,关死停运泵的出口阀,停止其运转。

六、离心泵开停车任务实施

实施泵开停车操作前,首先要掌握离心泵装置的构成(如图4-110所示)。要使离心泵能正常工作,必须将离心泵与吸入和排出管等共同组成如图4-110所示的泵装置。

图4-110 离心泵装置组成示意图

1. 泵的开车操作

(1) 检查装置的管路和设备情况，关闭出口阀门，如图4-111(a)所示。

(2) 打开入口阀门，将阀门转到最大位置后回转一圈，如图4-111(b)所示。

(3) 打开管路下方的阀门，观察水是否进入泵体内，如图4-111(c)所示。

(4) 打开放空阀门，使泵体内的空气排除，防止出现气缚现象，如图4-111(d)所示。

(5) 启动以前，先对电动机和泵盘车，判断是否转动自如，如图4-111(e)所示。

(6) 按下启动按钮，泵开始运转，如图4-111(f)所示。

(7) 慢慢打开排出阀门，观察流量和压力表的参数变化，如图4-111(g)所示。

(8) 根据参数变化进行现场调整。

(a) 关闭出口阀门

(b) 打开入口阀门

(c) 打开管路下方的阀门

(d) 打开放空阀门

(e) 盘车

(f) 按下启动按钮

(g)调整出口流量

图 4-111 泵的开车过程

2. 开车注意事项

(1)泵启动时,应先打开入口阀门,关闭出口阀门,使流量为零,其目的是减小电动机的启动电流。但出口阀门也不能关闭时间太长,否则泵内液体因叶轮搅动而使温度很快升高,从而产生气蚀。所以,待泵出口压力稳定后应立即缓慢打开出口阀门,调节所需的流量和扬程;关闭出口阀门时,泵的连续运转时间不应过长。

(2)往复泵、齿轮泵、螺杆泵等容积式泵启动时,必须先开启进、出口阀门。

(3)泵启动时,对于高温(或低温)泵,预热(或预冷)时要慢慢地把高温(或低温)液体送到泵内进行加热(或冷却)。泵内温度和额定温度的差值在 25 ℃以内。开启入口阀门和放空阀门,排出泵内气体,当预热到规定温度后,再关好放空阀门。

(4)对大黏度油品泵如果不预热,油会凝结在泵体内,造成启动后不上量,或者因启动力矩大,使电机跳闸。

(5)泵在启动时,检查加入到轴承中的润滑脂或润滑油是否适量;强制润滑时,要确认润滑油的压力是否保持规定的压力。

(6)蒸汽泵的汽缸,在启动时应以蒸汽进行暖缸,并及时排出冷凝水。

(7)水泵启动时应将泵内充满水。充水时,打开放气阀,待泵内充满水后将放气阀关闭。

(8)耐酸泵启动时,应使出口阀门全开,以免因酸液在泵壳内搅动升温而加剧对泵的腐蚀。

(9)用脆性材料(如硅铁、陶瓷、玻璃等)制造的泵,在启动时应严防骤冷或骤热,不允许有大于 50 ℃温差的突然的冷热变化。

3. 泵运行中的注意事项

(1)泵在运行中,要注意填料压盖部位的温度和渗漏。正常的填料渗漏应不超过每分钟 10~20 滴。

(2)在泵运行中,若泵吸入空气或固体,会发出异常声响,并随之振动。

(3)在泵运行中,如果备用机的逆止阀泄漏,而切换阀一直开着,要注意因逆流而使备用机产生逆转。

(4)泵在正常运转中调节流量时,不能采用减小泵吸入管路阀门开度的方法来减小流量,否则会造成泵入口流量不足而使泵产生气蚀。

(5)在泵运行中,对于需要冷却水的轴承,要注意水的温度、水量,设法使轴承温度保持在规定范围内。

4. 泵的停车操作

(1)停车过程。泵的停车过程如图4-112所示。

(a)关闭出口阀门　　　　　　(b)按下关闭按钮　　　　　　(c)关闭入口阀门

图4-112　泵的停车过程

(2)停车注意事项。

① 泵运行中因断电而停车时,先关闭电源开关,后关闭排出管道上的阀门。

② 泵在停车时,对轴流泵,在关闭出口阀之前,先打开真空破坏阀。

③ 泵在停车时,至轴封部位的密封液体,在泵内有液体的时候,最好不要中断。

④ 热油泵在停车时要注意,各部分的冷却水不能马上停,要等各部分温度降至正常温度时方可停冷却水;严禁用冷水洗泵体,以免泵体冷却速度过快,使泵体变形;关闭泵的出口阀、入口阀、进出口连通阀;每隔15~30 min盘车180°,直至泵体温度降至100 ℃以下。

⑤ 对于出口管未装单向阀的离心泵,停泵时应先逐渐关闭出口阀门,然后停止电机;若先停电机就会使高压液体倒灌,导致叶轮反转而引起事故。

⑥ 低温泵停车时,当无特殊要求时,泵内应经常充满液体;吸入阀和排出阀应保持常开状态;采用双端面机械密封的低温泵,液位控制器和泵密封腔内的密封液应保持泵的灌浆压力。

⑦ 输送易结晶、易凝固、易沉淀等介质的泵,停泵后应防止堵塞,并及时用清水或其他介质冲洗泵和管道。

⑧ 离心泵应先关闭排出管道上的阀门,再切断电源,等泵冷却后再关闭其他的阀门。

⑨ 对于淹没状态运行的泵,停车后应把进口阀关闭。

项目五　磁力泵、螺杆泵及高速泵维护与检修

【学习目标】

1. 知识目标

(1) 了解磁力泵、螺杆泵及高速泵在日常生活和石油化工企业中的应用。

(2) 掌握磁力泵、螺杆泵及高速泵的用途和分类，工作原理、分类及主要零部件。

2. 能力目标

掌握磁力泵、螺杆泵及高速泵的维护检修规程。

3. 素质目标

(1) 培养学生安全操作意识。

(2) 培养学生在泵的操作过程中的团队协作意识。

【任务描述】

带领学生参观锅炉生活供水和消防供水系统，参观西区实训基地化工装置，了解磁力泵、螺杆泵及高速泵在日常生活和石油化工企业中的实际应用，了解磁力泵、螺杆泵及高速泵的类型、牌号、性能和工作原理，对化工设备实训室内的磁力泵、螺杆泵及高速泵的装置进行现场开车和停车的操作，掌握磁力泵、螺杆泵及高速泵的操作规程。

任务一　磁力泵维护与检修

一、概述

磁力驱动泵简称磁力泵，由泵、磁力传动器、电动机三部分组成。关键部件磁力传动器由外磁转子、内磁转子及不导磁的隔离套组成，如图 5-1 和图 5-2 所示。

当电动机带动外磁转子旋转时，磁场能穿透空气隙和非磁性物质，带动与叶轮相连的内磁转子做同步旋转，实现动力的无接触传递，将动密封转化为静密封。由于泵轴、内磁转子被泵体、隔离套完全封闭，从而彻底解决了"跑、冒、滴、漏"问题，消除了炼油化工行业易燃、易爆、有毒、有害介质通过泵密封泄漏的安全隐患，有力地保证了职工的身心健康和安全生产。

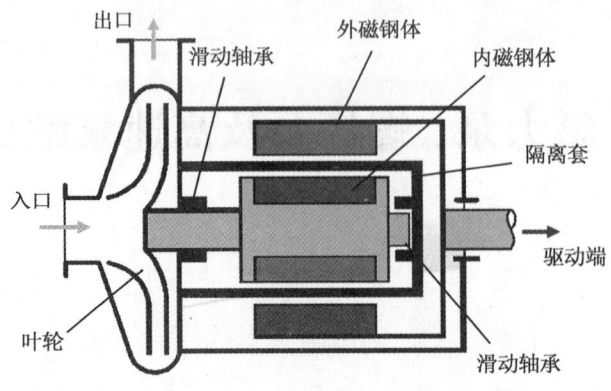

图 5-1 磁力驱动离心泵结构示意图

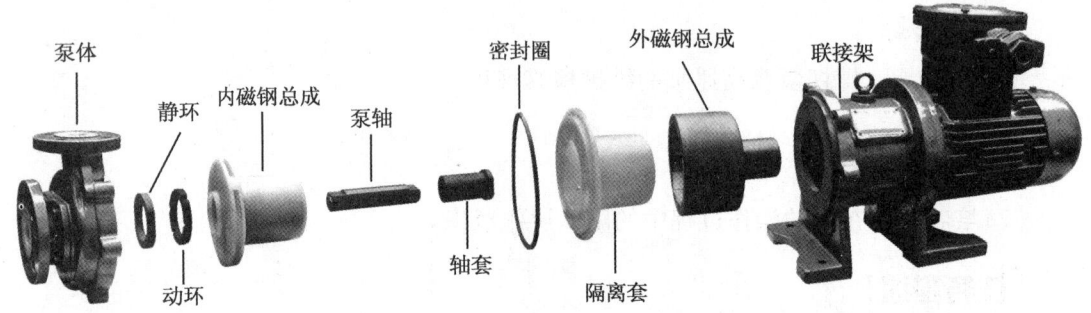

图 5-2 磁力驱动离心泵结构分解图

二、磁力泵零部件

（1）泵体、叶轮。磁力驱动离心泵的泵体、叶轮与有密封的离心泵相似。

（2）内、外磁转子。为了保护转子的磁性材料与外界绝对隔离或相对隔离，使磁性材料不易被氧化、腐蚀等，一般在转子外表面用金属或塑料进行包封，金属包封采用焊接方式，塑料包封采用注塑方式。

（3）隔离套，也称密封套，位于内磁转子和外磁转子之间，将内、外磁转子完全隔离开，把介质封闭在隔离套内。它与内磁转子外圆和外磁转子内圆保持一定的间隙，避免内、外磁转子在运转中产生摩擦而对包封造成破裂、损伤，最终使磁转子的磁性能减弱。

隔离套的厚度与工作压力和使用温度有关，过厚会增加内、外磁转子的距离，从而影响磁传动效率；过薄会影响强度。隔离套有金属和非金属两种，金属隔离套有涡流损失，非金属隔离套无涡流损失。

（4）轴承。磁力驱动泵在轴承种类上选用滑动轴承、滚动轴承和滚动、滑动组合轴承等。泵内轴由滑动轴承支承，由于轴承是浸泡在所输送介质中运转的，润滑性比较差，因此滑动轴承应采用耐磨性和自润滑性良好的材料制作。常用的轴承材料有锡锑轴承合金、铅锑轴承合金、石墨、聚四氟乙烯、碳化硅陶瓷等。

（5）联轴器。它与有密封泵一样，采用挠性联轴器。

（6）电动机。它与有密封泵一样，采用标准电动机。

三、磁力驱动离心泵工作原理

磁力驱动离心泵是利用磁体能吸引铁磁物质及磁体或磁场之间有磁力作用的特性进行工作的。如图5-3所示，电机通过联轴器和外磁转子连在一起，叶轮与内磁转子连在一起。在内、外磁转子之间设有一个全密封的隔离套，隔离套紧固在泵盖上，将泵输送的介质以静密封的形式封隔在泵体内，以使介质不会外泄。当外磁转子在电机的带动下旋转时，由于内、外磁转子的永磁体磁极间的相互吸引与排斥作用，带动内磁转子一起旋转，从而驱动泵轴旋转，达到输送液体的工作目的。

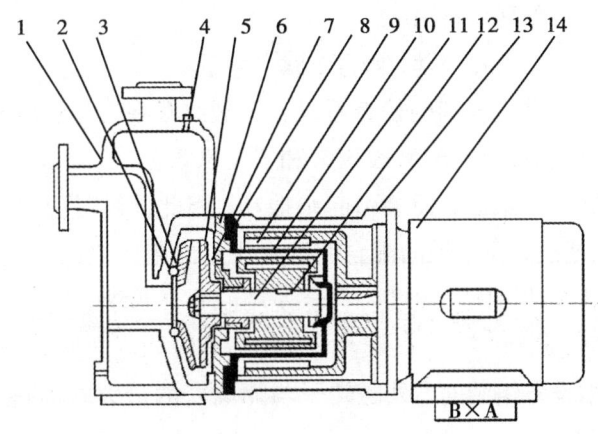

图5-3 磁力驱动离心泵工作原理示意图

1—泵体；2—静环；3—动环；4—加水螺栓；5—叶轮；6—密封圈；7—隔板；8—隔离层；
9—外磁钢总成；10—内磁钢总成；11—泵轴；12—轴套；13—联接架；14—电机

四、磁力泵的优缺点

1. 优点

（1）泵轴由动密封变成封闭式静密封，彻底避免了介质泄漏。

（2）无须独立润滑和冷却水，降低了能耗。

（3）由联轴器传动变成同步拖动，不存在接触和摩擦。功耗小、效率高，且具有阻尼减振作用，减少了电动机振动对泵的影响和泵发生气蚀振动时对电动机的影响。

（4）过载时，内、外磁转子相对滑脱，对电机、泵有保护作用。

2. 缺点

（1）磁力泵的效率比普通离心泵低。

（2）对防单面泄漏的隔离套的材料及制造要求较高。如材料选择不当或制造质量差时，隔离套经不起内、外磁钢的摩擦很容易磨损，而一旦破裂，输送的介质就会外溢。

（3）磁力泵由于受到材料及磁性传动的限制，因此国内一般只用于输送100 ℃以下、1.6 MPa以下的介质。

（4）由于隔离套材料的耐磨性一般较差，因此磁力泵一般用于输送不含固体颗粒的介质。

（5）联轴器对中要求高，对中不当时，会导致进口处轴承的损坏和防单面泄漏隔离套的磨损。

五、磁力驱动离心泵的检修

1. 零部件的检查与组装调整

（1）零部件的检查。

① 泵体、叶轮应无伤痕和腐蚀。

② 内、外磁转子包封应无裂缝、破碎、漏洞等。

③ 隔离套拆卸后应进行仔细的检查看是否有裂纹存在，对采用金属材料的隔离套必要时要进行探伤，以保证具有的耐破裂压力和安全系数。

④ 轴承在超过磨损界限后，便会引起泵振动，因此检修时应对轴承的内、外表面进行检查，确认轴承无划痕，且与轴的配合间隙在规定的范围之内。

⑤ 轴应无伤痕和腐蚀，其直线度要符合使用说明书要求。

（2）组装。

① 磁转子与动力设备组装时，外磁转子与隔离套的最大端面跳动不超过0.25 mm，最大径向跳动不超过0.50 mm，同时要确保内、外磁转子与隔离套的径向间隙符合使用说明书要求。

② 对于滑动轴承，止推盘与石墨轴承端面之间的轴向间隙要符合使用说明书要求，没有要求时不能大于1 mm。轴承径向间隙应符合要求，如果间隙过小，泵在运转时轴承容易热膨胀、抱轴或摩擦负荷大，影响效率；如果间隙过大，会加速轴承的磨损、振动。

③ 对于叶轮及口环，叶轮多采用成型的流线型整体式的铸造结构，先进的设计把内磁体镶嵌于叶轮中。口环一般选用CFR/TFE或碳化硅材料制作。由于口环和叶轮均为易损件，且装配要求的配合尺寸间隙较高，因此，组装时应保证口环间隙符合使用说明书要求。

④ 外磁转子与电机连接后其径向与轴向跳动应小于0.01 mm。

⑤ 在组装过程中，不允许用硬工具或硬物敲打石墨轴承、内转子、外转子、隔离套等。

2. 磁力驱动离心泵的试运转

（1）启动前的准备工作。

① 检查检修记录，确认数据正确，准备好试运用的各种记录表格。

② 把泵周围卫生打扫干净。

③ 检查设备的各种附件是否齐全、好用，螺栓是否牢固。

④ 有滚动轴承箱的磁力泵，润滑系统应按照设备技术资料中的规定加注润滑油。

⑤ 用手盘动外转子应轻松，无偏重现象和异常响声。

⑥ 打开泵吸入阀，使液体注满泵。

⑦ 打开放空阀，充分排气。

⑧ 完全打开泵的排出阀，然后关闭。

⑨ 联系电工检查电机电阻，并送上电。

（2）启动。

① 按启动按钮，同时检查电流、压力的情况。

② 泵出口压力平稳后，慢慢打开出口阀，控制出口压力。

③ 控制电机电流不超过规定使用值。

④ 检查泵的声音、振动情况，并按规定做好记录。

（3）停泵。

① 关闭出口阀，按停泵按钮。

② 做好停泵记录，并搞好设备及其周围的卫生。

（4）操作要求。

① 磁力泵在正常操作条件下，不存在随时间推移而老化退磁的现象。但当泵过载运转或操作温度高于磁钢许用温度时，就会发生退磁。因此磁力泵必须在正常操作条件下运行。

② 磁力泵禁忌空运转，以避免滑动轴承和隔离套烧坏。磁力泵输送的介质不允许含有铁磁性杂质与硬质杂质。磁力泵不允许在小于30%额定流量下工作。

③ 磁力泵日常主要检查电流、温升和出口压力是否正常，是否渗漏运行，是否平稳，振动和噪声是否正常。若发现异常情况应及时处理。

3. 磁力驱动离心泵的故障处理

（1）泵不能启动。

① 泵内有异物→清除异物。

② 泵轴承内杂质聚集被卡住→解体清洗。

③ 内外磁转子隔离套摩擦→解体检查。

④ 电气故障→检查电器元件。

（2）动力端噪声大。

① 轴承损坏→解体检查更换轴承。

② 联轴器对中偏差大→按照检修规程，重新对中。

③ 润滑不良→更换润滑油。

④ 驱动侧平衡超标较大→找平衡。

（3）介质端噪声大。

① 叶轮与壳体摩擦→解体调整间隙。

② 轴套、轴颈磨损超标→更换轴套、轴。

③ 外磁转子没正确固定于驱动轴→重新装配外磁转子。

④ 轴承损坏→解体检查，更换轴承。

⑤ 泵内有异物→清除异物。

⑥ 产生汽蚀→调整工艺操作。

⑦ 来液不稳定→调整工艺操作。

（4）流量不足或输出压力太低。

① 吸入压头过低→清洗入口过滤器，增高液面。

② 口环间隙过大→更换口环。

③ 泵内有气体→排气。

④ 磁性体退磁→更换。

（5）泄漏。

① 密封螺栓松动→紧固松动螺栓。

② 隔离套损坏→更换隔离套。

③ 垫片损坏失效→检查更换。

（6）隔离套温度过高。

① 磁性体失效→检查更换。

② 内、外磁转子与隔离套摩擦→校正对中。

③ 汽蚀→调整工艺操作。

④ 内部回流通道不畅→解体疏通。

（7）电流偏大。

① 泵内进入杂物→清除杂物。

② 物料黏度偏高→测量黏度应符合要求。

③ 轴承损坏→更换轴承。

任务二　螺杆泵维护与检修

一、概述

1. 螺杆泵的特点

（1）具有自吸能力，吸入性能好。轴向吸入，不存在妨碍液体吸入的离心力的影响，三螺杆泵在一定条件下允许吸上真空高度可达 8 m(水柱)，单螺杆泵最高可达 8.5 m(水柱)。

(2) 理论流量仅取决于运动部件的尺寸和转速；额定排出压力与运动部件的尺寸和转速无直接关系，主要受密封性能、结构强度和原动机功率的限制。

(3) 回转元件之间及回转元件与定子间互不接触，无须泵阀、转速高和结构紧凑的优点。

(4) 没有困油现象，流量和压力均匀，故工作平稳，噪声和振动较少。

(5) 单螺杆泵和非密封型双螺杆泵额定排出压力不宜太高，单螺杆泵压力最大不超过 2.4 MPa；双螺杆泵压力不超过 1.6 MPa；三螺杆泵受力平衡和密封性能良好，允许的工作压力高，可达 20 MPa，特殊时可达 40 MPa。

(6) 零部件少，相对重量和体积小，磨损轻，维修工作少，使用寿命长。

(7) 螺杆的轴向尺寸较长，刚性较差，加工和装配要求较高。三螺杆泵的价格较高(约为同规格齿轮泵的 5 倍)，但非密封型双螺杆泵和单螺杆泵价格低于往复泵。

2. 螺杆泵的结构

螺杆泵是一种依靠泵体与螺杆所形成的啮合空间容积变化和移动来输送液体或使之增压的回转泵。

螺杆泵主要由泵壳、螺杆、轴承、轴封等组成，如图 5-4 所示。

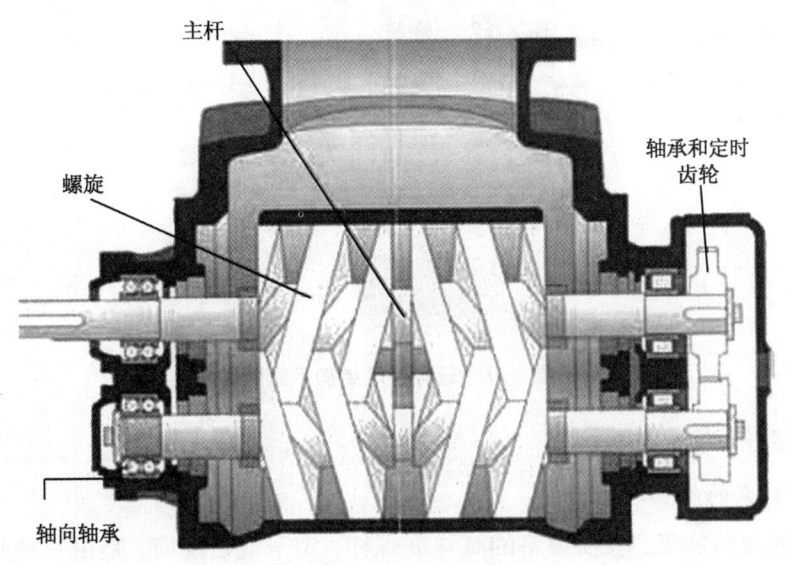

图 5-4 螺杆泵结构示意图

3. 螺杆泵的分类

按照螺杆数量分类，常见的螺杆泵有单螺杆泵、双螺杆泵、三螺杆泵、五螺杆泵，如

图 5-5 至图 5-7 所示。

图 5-5 单螺杆泵结构示意图

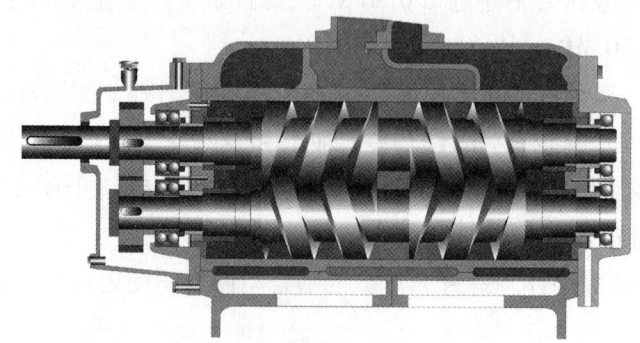

图 5-6 双螺杆泵结构示意图

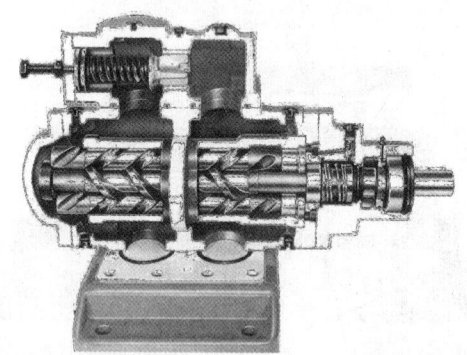

图 5-7 三螺杆泵结构示意图

二、单螺杆泵的维护与检修

1. 单螺杆泵的结构

转子是通过精加工、表面镀铬的高强度螺杆；定子就是泵筒，是由一种坚固、耐油、抗腐蚀的合成橡胶精磨成型，然后被永久地黏接在钢壳体内，如图 5-8 至图 5-10 所示。

项目五 磁力泵、螺杆泵及高速泵维护与检修

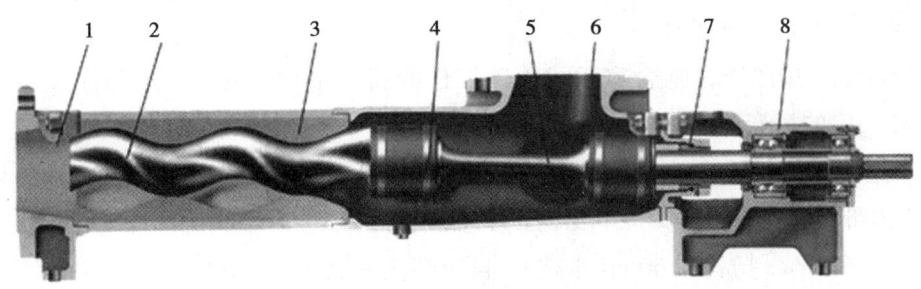

图 5-8　单螺杆结构示意图

1—排出室；2—转子；3—定子；4—万向节；5—中间轴；6—吸入室；7—轴密封；8—轴承座

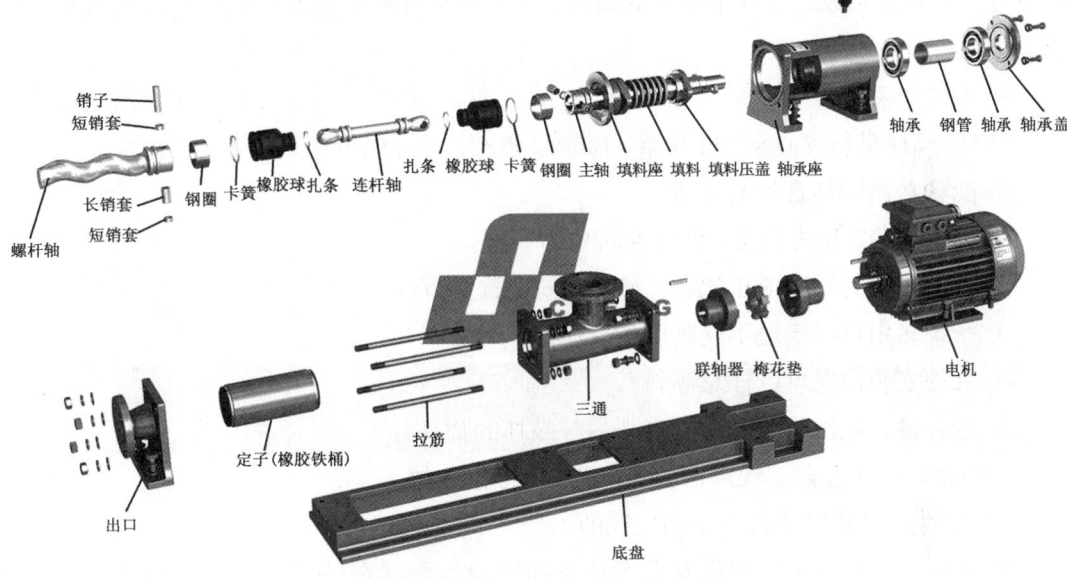

图 5-9　单螺杆分解图

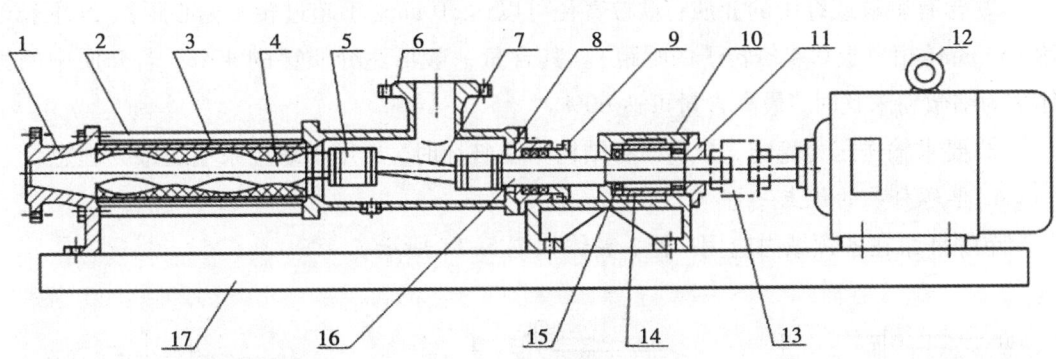

图 5-10　单螺杆结构示意图

1—出料腔；2—拉杆；3—螺杆套；4—螺杆轴；5—万向节总成；6—吸入管；7—连接轴；8—填料座；
9—填料压盖；10—轴承座；11—轴承盖；12—电动机；13—联轴器；14—轴套；15—轴承；16—传动轴；17—底座

· 175 ·

2. 单螺杆泵的工作原理

单螺杆泵是按照回转啮合容积式原理工作的新型泵种,主要工作部件是偏心螺杆(转子)和固定的衬套(定子)。

由于这两个部件的特殊几何形状,分别形成单独的密封容腔,使介质由轴向均匀推行流动,内部流速低,容积保持不变,压力稳定,因而不会产生涡流和搅动。每级泵的输出压力为 0.6 MPa,扬程为 60 m(水柱),自吸高度一般在 60 m 以上。

传动可采用联轴器直接传动,或采用调速电机、三角带、变速箱等装置变速。

这种泵零件少,结构紧凑,体积小,维修简便。转子和定子是该类泵的易损件,结构简单,便于装拆。因为定子采用多种材料制成,所以这种泵对高黏度流体的输送和含有硬质悬浮颗粒介质或含有纤维介质的输送,有一般泵种所不能胜任的特性。其流量与转速成正比。

3. 单螺杆泵的特点

(1)单螺杆泵与离心泵、叶片泵、齿轮泵相比,具有以下优点。

① 能输送高固体含量的介质。

② 流量均匀,压力稳定,低转速时更为明显。

③ 流量与泵的转速成正比,具有良好的变量调节性。

④ 一泵多用可以输送不同黏度的介质。

⑤ 泵的安装位置可以任意倾斜。

⑥ 适合输送敏性物品和易受离心力等破坏的物品。

⑦ 体积小,重量轻,噪声低,结构简单,维修方便。

(2)单螺杆泵特别适合于下列工况的工作。

① 输送高黏度介质:根据泵的大小不同可输送黏度在($3.7\times10^4 \sim 2\times10^6$)厘泊的介质。

② 含有颗粒或纤维的介质:颗粒直径可以达 30 mm(不超过转子偏心距),纤维长可达 350 mm(相当于 0.4 倍转子的螺距)。其含量一般可达介质窖的 40%,若介质中的固体物为细微粉末状时,最高含量可达 60%。

③ 要求输送压力稳定,介质固有结构不受破坏时,选用单螺杆泵输送最为理想。

4. 单螺杆泵的优点

单螺杆泵在各领域内应用广泛,具体如图 5-11 所示。

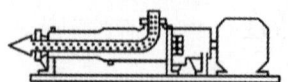
(a)在负压下能输送含有气体的介质

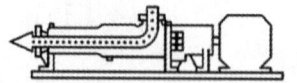
(b)可输送含有纤维物和固体颗粒的液体

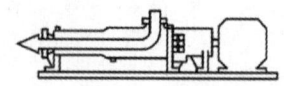
(c)机械振动小,无脉动,运行平稳

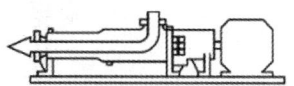
(d)自吸性能好，吸入性能好

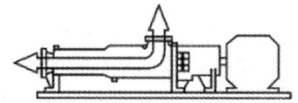
(e)可反向输送

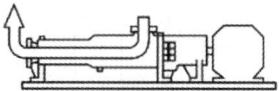
(f)能输送非常黏稠的、含水的所有介质

图 5-11 单螺杆泵的应用

5. 单螺杆泵的用途

单螺杆泵可以广泛用于下列行业，输送各种介质。

(1) 化学工业：酸、碱、盐液，各种黏滞、糊状、乳状化学浆液。

(2) 勘探采矿：各种钻探泥浆、采矿用水、浆状物和浮液。

(3) 造船业：船底污水、污油、各种燃油淡水。

(4) 陶瓷工业：陶土、黏土、釉料。

(5) 能源工业：各种燃油、油煤浆、水煤浆、煤泥及核废料。

(6) 污水处理：污水、污油、淤泥。

(7) 造纸业：各种纤维素纸浆、涂料、黑液。

(8) 医药、食品、化妆工业：各种粮浆果浆、淀粉糊、膏剂、母液、薯泥、酒及酒糟等。

(9) 其他农、林、牧、副、渔业：单螺杆泵在这些行业中也有广泛用途。

6. 单螺杆泵的型号

单螺杆泵的型号表示方式如图 5-12 所示，其中后两个为单螺杆泵国际型号表示方法。

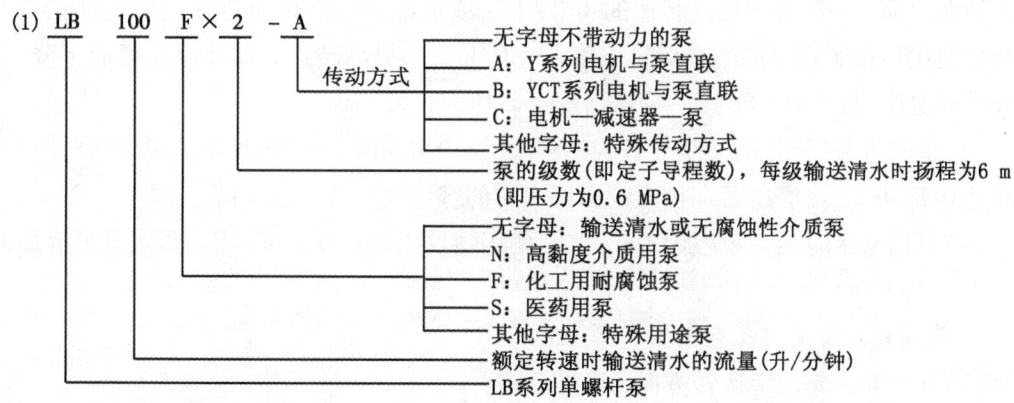

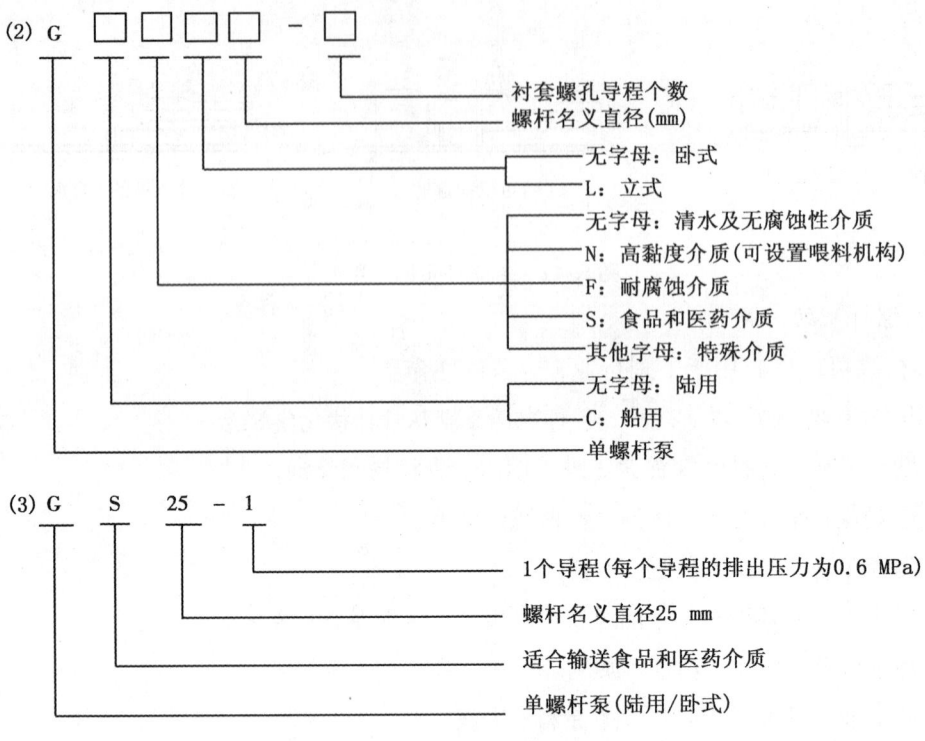

图 5-12 单螺杆泵的型号表示方法

7. 单螺杆泵的选用

(1) 选用泵的规格是根据被输送液体的性质和流量、压力来决定的，而泵的转速则由输送液体的黏度和腐蚀性作为主要参数来选择，才能确保泵的可靠运行。

(2) 泵的设计转速为输送清水或与清水相类似的无腐蚀性液体时允许的最高转速。在实际使用中，因介质性质与寿命要求不同，选用时一般都应低于设计转速，对高黏度和含颗粒介质，一般采用设计转速的 1/2~1/3 或更低些。低转速对降低泵的磨损有利，但泵在使用后由于定子的磨损流量下降，这时可适当提高转速，以补偿流量的下降。输送介质的温度应在 -10~80 ℃，特殊情况可高达 120 ℃。

(3) 泵的每级(定子的一个导程)正常压力为 0.6 MPa，短时间(不超过 30 分钟)内允许高达 0.8 MPa，当磨损后在相同输出压力时的容积效率要逐步下降。

(4) 泵送清水时最高吸程为 8 m，实际使用建议不超过 6.5 m，当泵送高黏度介质时，应以正压吸入。

8. 单螺杆泵的使用注意事项

(1) 开机前必先确定运转方向，不得反转。

(2) 严禁在无介质情况下空运转，以免损坏定子。

(3) 新安装或停机数天后的泵不能立即启动，应先向泵体内注入适量机油，用管钳扳动几转后才可启动。

(4)输送高黏度或含颗粒及腐蚀性的介质后,应用水或溶剂进行了冲洗,防止阻塞,以免下次启动困难。

(5)冬季应排除积液,防止冻裂。

(6)使用过程中轴承箱内应定期加润滑油,发现轴端有渗流时,要及时处理或调换油封。

(7)在运行中如发生异常情况,应立即停车检查原因,排除故障。

9. 单螺杆泵的故障原因及解决方法

单螺杆泵故障原因及解决方法如表 5-1 所列。

表 5-1 单螺杆泵故障原因及解决方法

故障	原因	解决方法
泵不能启动	① 新泵转子、定子配合过紧; ② 电流、电压太低; ③ 介质黏度过高	① 用工具人力帮助转动几圈; ② 检查、调整; ③ 稀释料液
泵不出液	① 旋转方向不对; ② 吸入管路有问题; ③ 介质黏度过度; ④ 转子、定子损坏或传动部件损坏; ⑤ 泵内异物堵塞	① 调整方向; ② 检查泄漏,打开进出口阀门; ③ 稀释料液; ④ 检查更换; ⑤ 排除异物
流量达不到	① 管路泄漏; ② 阀门未全部打开或局部堵塞; ③ 转速太低; ④ 转子、定子磨损	① 检查修理管路; ② 打开全部阀门、排除堵塞物; ③ 调整转速; ④ 更换损坏零件
压力达不到	转子、定子磨损	更换转子、定子

三、双螺杆泵的维护与检修

1. 双螺杆泵的结构

双螺杆泵的结构如图 5-13 所示。

2. 双螺杆泵的分类

(1)根据轴承位置不同分类。

① 外轴承式:同步齿轮和轴承装在泵体外面,单独润滑。

② 内轴承式:齿轮和轴承置于泵体内部。

图 5-14 是两侧吸入、中间排出结构,轴向力可基本平衡。

(2)根据有无密封分类。

① 密封型:由渐开线和摆线组合而成;其 η,v 略逊于摆线啮合的螺杆泵;但能使工艺简化,成本降低。

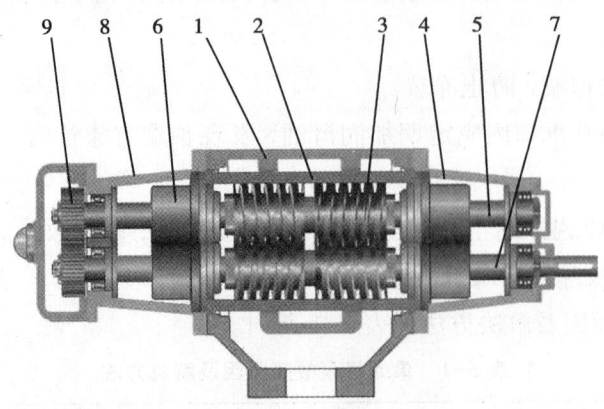

图 5-13　双螺杆结构示意图

1—泵体；2—衬套；3—螺旋套；4—前支架；5—从动轴；6—密封箱；
7—主动轴；8—后支架；9—同步齿轮

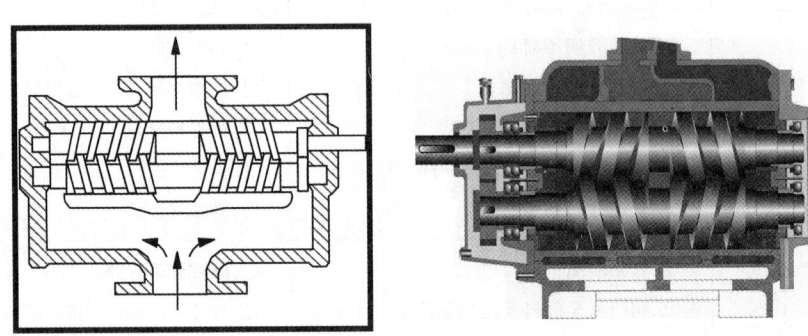

图 5-14　双螺杆泵

② 非密封型：采用两根直径相同、单头、定螺距、矩形或梯形齿形的螺杆，不能形成完全封闭的啮合线。为减少漏泄，需增加导程数，又要限制螺杆的长度，故不得不减小螺旋的升角，从而导致螺杆自锁。传递扭矩需靠齿轮，主动和从动螺杆彼此不直接接触。

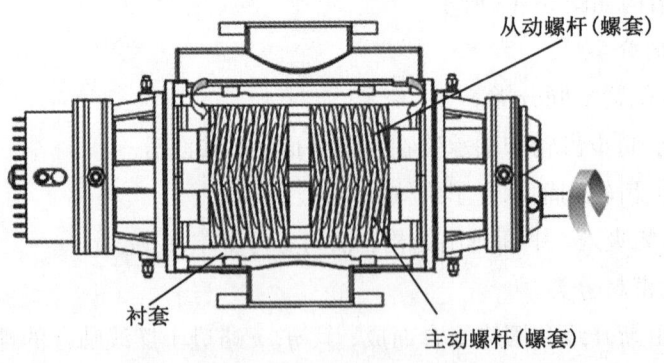

图 5-15　非密封型螺杆泵

3. 双螺杆泵的工作原理

双螺杆泵主要工作零件由衬套(或泵体)和两根相互啮合的螺杆(螺套)及同步齿轮组成。当泵工作时,通过主从动螺杆的相互啮合,以及螺杆和衬套的配合,在泵体中形成一个个密封空腔。通过同步齿轮实现螺杆转动时,这些密封空腔连续向前移动,推动密封腔中的液体到出口排出,实现输送液体的目的。

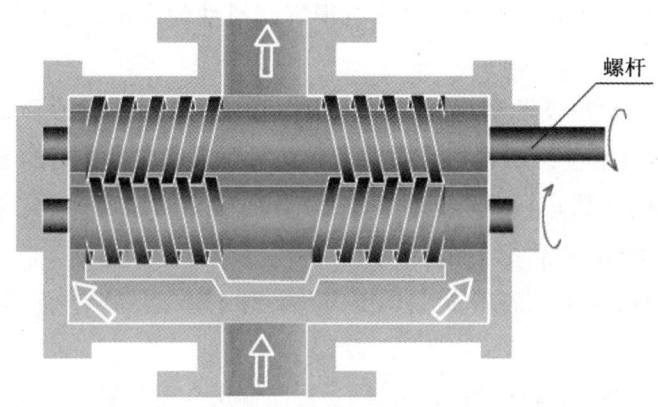

图 5-16 双螺杆泵工作原理

4. 双螺杆泵的特点

(1) 无搅拌、无脉动、平稳的输送各种介质,由于泵体结构保证泵的工作元件内始终存有泵送液体作为密封液体,所有的泵有很强的自吸能力,且能汽液混输。

(2) 泵的特殊设计保证了泵有高的吸入性能,即很小的 NPSHr 值。

(3) 采用独立润滑的外置轴承,允许输送各种非润滑性介质。

(4) 卧式、立式、带加热套等各种结构形式齐全,可以输送各种清洁的不含固体颗粒的低黏度或高黏度介质,选用正确的材质,甚至可以输送许多腐蚀性介质。

(5) 泵本身带安全阀结构,提供过载保护。

5. 双螺杆泵的优点

(1) 双螺杆泵输送液体平稳、无脉动、无搅拌、振动小、噪声低。

(2) 双螺杆泵有很强的自吸性能,多相混输时,含气率不高于 80%,含沙量不高于 500 g/m^3。

(3) 双螺杆泵外置轴承结构,采用独立润滑,可以输送各种非润滑性介质,适用范围广。

(4) 双螺杆泵采用同步齿轮驱动,两个转子之间不接触,即使短时间空转也无妨。

(5) 双螺杆泵泵体带有加热套,可以输送各种清洁或含有固体小颗粒的低黏度或高黏度介质(一般颗粒直径小于 0.2 mm)。

(6) 正确选用材料的话,双螺杆泵甚至可以输送很多有腐蚀性的介质。

(7)双螺杆泵双吸式结构,转子上没有轴向力。

(8)双螺杆泵轴端采用机械密封或波纹管机械密封,寿命长,泄漏少。

6. 双螺杆泵的选型

(1)确定泵结构。

(2)确认泵的工作温度。如果工作温度不超过 120 ℃最好选用短轴结构。

(3)了解泵送介质的润滑性。对具有很好润滑性的润滑油、食用油,以选用内装式结构的泵最经济可靠。

(4)选定泵用材料及轴密封方式:① 根据介质的腐蚀、磨蚀和温度等特性,决定泵主要零部件的材料组合;② 根据介质特性和环境要求确定轴密封的方式和材质。

(5)选定泵的转数 n。根据泵送介质在工作温度下的黏度 v 确定泵转速,以保证泵的必需汽蚀余量 NPSHr 能满足实际吸入条件。

(6)选定泵规格,按照工作流量、压力,根据《XS 型双螺杆泵性能参数表》确定泵的规格。

(7)校核汽蚀余量,单位为 m(水柱),按照输送介质的黏度 v,在泵性能表上查出泵必需汽蚀余量 NPSHr。

(8)确定配套的电动机。

7. 双螺杆泵故障及解决方法

双螺杆泵故障及解决方法如表 5-2 所列。

表 5-2 双螺杆泵故障及解决方法

原因及解决办法	工作故障				
	流量减少	没流量	产生噪声	抱轴	驱动机构过热
轴密封泄漏:卸下机械密封并检查,如果需要,更换新机器密封	✓	✓			
吸入管漏气及吸入管和压出管有直接连通:密封管道漏气处或重新调整循阀	✓	✓	✓		
不满足吸上条件:检查无噪声的吸上高度,如果可能,加大管路截面;检查管路;清洗过滤器或加大过滤器;或加热介质降低黏度	✓	✓	✓		
螺旋套和泵体间及螺旋齿侧之间的间隙过大:是由于输送介质中杂质颗粒过大造成的,零件必须修理或更换新的	✓	✓			
大的异物或杂质:通过与工作转向相反的转动把杂质从螺杆套之间清除出去,紧接着用合适的清洗剂进行冲洗,然后把泵拆下进行清洗				✓	

表5-2（续）

原因及解决办法	工作故障				
	流量减少	没流量	产生噪声	抱轴	驱动机构过热
由于温度过高使内部零件过度膨胀，使泵冷却；保证泵能用手盘动时，重新启动				✓	
轴承损坏或齿轮箱缺油：必要时把泵拆开检修			✓	✓	
转动方向错误：改变电机转动方向		✓			
初次启动前没有注入足够的供吸入液体：将泵内注满输送液体		✓			
联轴器没有对中：检查联轴器径向和轴向跳动及角度偏差，如有必要重新调整			✓	✓	✓
转速过小：检查驱动机转速，提高转速	✓				

四、三螺杆泵的维护与检修

图5-18为三螺杆泵的剖视图。中间螺杆为主动螺杆，由原动机带动回转，两边的螺杆为从动螺杆，随主动螺杆进行反向旋转。主动螺杆从动螺杆的螺纹均为双头螺纹。

图5-17 三螺杆泵

1. 三螺杆泵的工作原理

三螺杆泵要由一根主动螺杆、两根从动螺杆及衬套组成，主、从动螺杆相互啮合，与衬套配合形成密封腔室。在工作时，介质被吸入密封腔室中，并被密封腔室密封住。密

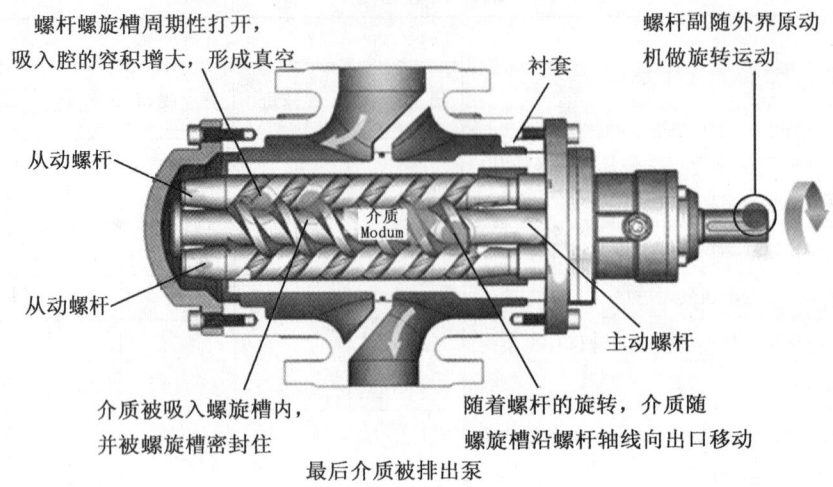

图 5-18 三螺杆泵剖视图

封腔室随螺杆旋转沿着轴向向排出口连续运动,在排出口排出介质,这样就实现了液体的输送。三螺杆泵(密封式)结构及其工作原理如图 5-19 所示。

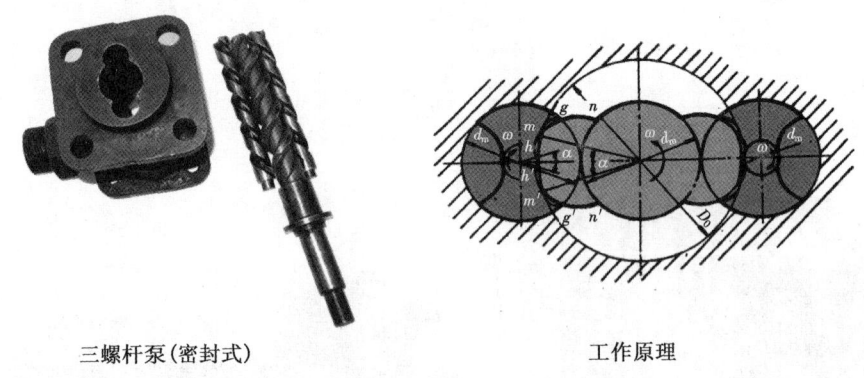

图 5-19 三螺杆泵(密封式)结构及其工作原理示意图

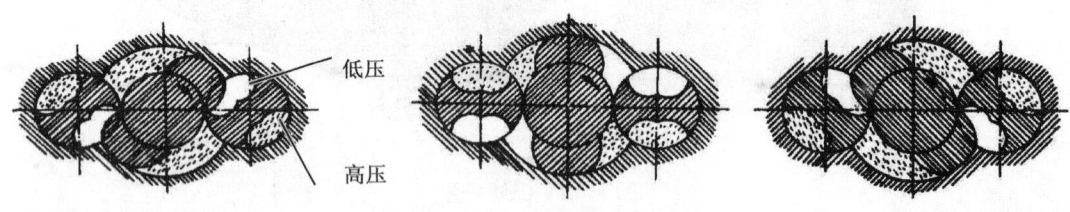

图 5-20 高压区与低压区图示

2. 三螺杆泵的性能特点

(1)三螺杆泵工作时,由于两从动螺杆与主动螺杆左右对称啮合,故作用在主动螺杆上的径向力完全平衡，主动螺杆不承受弯曲负荷。从动螺杆所受径向力沿其整个长度都由泵缸衬套来支承，因此，不需要在外端另设轴承，基本上也不承受弯曲负荷。

（2）在运行中，螺杆外圆表面和泵缸内壁之间形成的一层油膜，可防止金属之间的直接接触，使螺杆齿面的磨损大大减少。

（3）螺杆泵工作时，两端分别作用着液体的吸排压力，因此对螺杆要产生轴向推力。对于压差小于 10 kgf/cm² 的小型泵，可以采用止推轴承。此外，还通过主动螺杆的中央油孔将高压油引入各螺杆轴套的底部，从而在螺杆下端产生一个与轴向推力方向相反的平衡推力。

五、五螺杆泵的工作原理

五螺杆泵主要由一根主动螺杆、四根从动螺杆及衬套组成，主动螺杆居中，在其前后左右对称的设置四根从动螺杆。工作时，主、从动螺杆相互啮合，再与衬套间形成密封空腔，随着螺杆的转动，被吸入密封腔内并被密封腔密封的介质沿着螺杆轴线向出口移动，最后被排出泵外。五螺杆泵剖视图如图 5-21 所示。

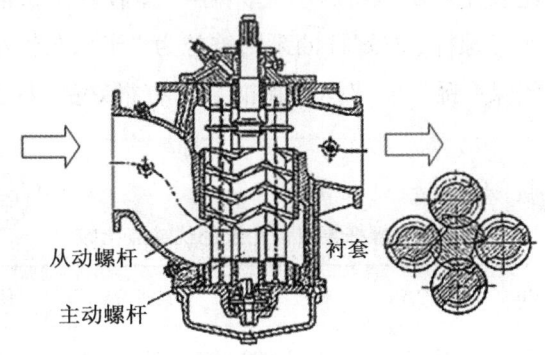

图 5-21 五螺杆泵剖视图

六、螺杆泵的维护与使用

1. 各种螺杆泵的特点和应用范围

各种螺杆泵的特点和应用范围详见表 5-3。

表 5-3 各种螺杆泵的特点和应用范围

类型	压力 /MPa	流量 /(m³·h⁻¹)	输送的液体特性	结构特点	应用举例
单螺杆泵	低于 4，特殊可达 10	0.3~40	可含固体颗粒，有腐蚀性液体，黏度范围大	泵内衬套用橡胶制作，螺杆与衬套形成工作容积大，密封性较好	使用普遍，常用作高黏度泵、化工泵、污水泵、深井泵
双螺杆泵	低于 1.5，特殊可达 8	0.4~400	可含微小固体颗粒，有腐蚀性液体，黏度范围较大	螺杆与螺杆、螺杆与泵体之间不接触，有一定间隙，密封性较差	使用较普遍，常用作燃油泵、输油泵、化工泵、黏胶泵

表5-3(续)

类型	压力/MPa	流量/(m³·h⁻¹)	输送的液体特性	结构特点	应用举例
三螺杆泵	低于20,特殊可达40	0.6~600	不含固体颗粒,无腐蚀性润滑液体,黏度范围较大	螺杆与螺杆、螺杆与泵体内衬套或泵体接触,相互间隙很小,密封性好	使用普遍,常用于液压泵、滑油泵、输油泵、燃油泵
五螺杆泵	低于1	50~100	不含固体颗粒,无腐蚀性液体,黏度较低的润滑液体	螺杆与内衬套不接触,螺杆与螺杆接触,存在一定间隙,密封性较差	一般作为大流量滑油泵(船舶上机滑油泵),其他很少用

2. 螺杆泵与其他泵对比

(1)与齿轮泵的比较。在输送低黏度介质时,三螺杆泵、双螺杆油泵比齿轮泵具有更高的效率,运转中远比齿轮泵平稳,噪声大大低于齿轮泵,使用寿命远高于齿轮泵;当输送高黏度介质时,齿轮泵流量及压力脉动大、噪声大;在输送重油等介质时,齿轮泵一般连续使用寿命很短,而三螺杆、双螺杆油泵则被誉为"半永久性泵",且因其极低的运行噪声,被一致称为"环保产品"。双螺杆稠油泵具有很好的自吸性,而齿轮泵几乎无自吸性。

螺杆泵与齿轮泵的优缺点比较见表5-4。

表5-4 螺杆泵与齿轮泵的优缺点比较

类别	效率	噪声/dB	脉动/MPa	黏度/cst	密封可靠性/h	使用寿命/h	体积	价格
螺杆泵	60%~95%	≤65~70	≤0.02	3.0~10000	5000~10000	20000~50000	大	高
齿轮泵	60%~70%	>82	>0.2	3.0~150	1000~5000	2000~5000	小	低

(2)与离心泵的比较。液体黏度对离心泵的影响较大。众所周知,当离心泵输送介质的黏度超过20 cst时,就开始对离心泵各项性能产生影响。随着流体黏度的增大,效率急剧下降,而三螺杆泵、双螺杆油泵在输送20 cst以上油品介质时,比离心泵更为节能,且黏度越高,节能效果更明显。这是因为,三螺杆泵、双螺杆油泵的压力决定于与它连接的管路系统的总阻力,且介质黏度提高后,仍具有很高的效率。

总之,迄今为止,在输送高黏度介质时,三螺杆、双螺杆油泵一般认为是泵行业最为理想的泵种之一。

3. 螺杆泵使用中的注意事项

(1)应防止干转,以免严重磨损。① 单螺杆泵如果断流干转,橡胶泵缸将很快会烧毁;② 初次使用或拆检装复后应向泵内灌入液体;③ 工作中应严防吸空;④ 停用时也需使泵内保存液体。

(2)三螺杆泵吸入管路必须装 40~60 目过滤器,吸入油面应高出吸入管口 100 mm 以上。① 新接管路中的焊渣、铁锈等固体杂质应予清除;② 保持所排送液体的洁净,及时清洗滤器;③ 工作时如有异常声响,应立即停车检查。

(3)一般螺杆泵都有固定的转向,不应反转,否则推力平衡装置就会丧失作用,使泵损坏。

(4)螺杆泵运行时注意事项:① 启动时应先将吸、排截止阀全开;② 停用时,先断电、后关排出阀,等停转再关吸入阀,以免泵吸空;③ 泵不允许长时间完全通过调压阀回流运转;④ 不能通过调压阀大流量回流的方法减小泵的流量,这样会造成液体温度升高,甚至使泵变形而损坏。

(5)螺杆的存放、安装与使用要求:① 螺杆较长,刚性较差,容易弯曲变形;② 安装时要注意保持螺杆表面间隙均匀;③ 吸、排管路应可靠地固定,避免牵连泵体引起变形;④ 泵轴与电动机轴的联轴节应很好地对中;⑤ 螺杆拆装起吊时要防止受力弯曲;⑥ 备用螺杆保存时最好悬吊固定,以免放置不平而变形;⑦ 使用中应防止过热使螺杆因膨胀而顶弯。

(6)要防止吸油温度太低、黏度过高,或吸油带入大量空气,以及吸入滤器堵塞,否则会使泵吸入真空度过大,产生气穴和噪声。

4. 螺杆泵的安装与保养

(1)平时使用螺杆泵时一定要注意对螺杆泵进行保养。其实,螺杆泵的保养和其他的机器一样,只要注意它的特征和功能特点,一定能够保养得很好。

(2)要确保其他杂物不进入泵体。固体杂物进入泵体会对螺杆泵的橡胶材质定子造成损坏,所以确保杂物不进入泵的腔体是很重要的。为此,有的在泵前加装了粉碎机,也有的安装格栅装置或滤网来阻挡杂物进入螺杆泵,且格栅应及时清捞以免造成堵塞。

(3)避免螺杆泵在断料的情况下使用。螺杆泵决不允许在断料的情形下运转,一经发生,橡胶定子由于干摩擦,瞬间产生高温而烧坏,所以,粉碎机完好、格栅畅通是螺杆泵正常运转的必要条件之一。为此,有些螺杆泵还在泵身上安装了断料停机装置,当发生断料时,由于螺杆泵有自吸功能的特性,腔体内会产生真空,而真空装置会使螺杆泵停止运转。

(4)保持恒定的出口压力。螺杆泵是一种容积式回转泵,当出口端受阻以后,压力会逐渐升高,以至于超过预定的压力值。此时电机负荷急剧增加。传动机械相关零件的负载也会超出设计值,严重时会发生电机烧毁、传动零件断裂。为了避免螺杆泵损坏,一般会在螺杆泵出口处安装旁通溢流阀,用以稳定出口压力,保持泵的正常运转。

(5)螺杆泵转速的合理选用。螺杆泵的流量与转速成线性关系,相对于低转速的螺杆泵,高转速的螺杆泵虽然能增加流量和扬程,但功率明显增大,加速转子与定子间的磨耗，必定使螺杆泵过早失效，而且高转速螺杆泵的定转子长度很短，极易磨损，因而缩短了螺杆泵的使用寿命。通过减速机或无级调速机构来降低转速，使其转速保持在每分钟 300 转以下这一较为合理的范围内，与高速运转的螺杆泵相比，使用寿命能延长几倍。

当然螺杆泵的保养方法还有很多，这就需要在平时使用时勤加注意。

任务三　高速泵维护检修

一、高速泵基础

1. 立式高速泵概述

目前高速离心泵广泛应用于化工生产中，其特点是体积小、重量轻、流量小、扬程高、运转平稳。立式高速泵利用增速箱的增速作用获得很高的排出压力。高速泵密封由介质密封、润滑油密封、齿轮箱密封组成，增速器为二级齿轮增速；泵体部分的轴封为两套串联的机械密封；两套机械密封之间的密封腔充满密封油，在密封液补给循环系统内进行循环，对机械密封进行润滑、冷却。增速器与泵体之间有一处空腔，泄漏的润滑油和密封油都积聚在这里，经排油孔排出。

图 5-22　高速泵

(1) 高速泵的基本工作原理。其与普通离心泵类似(驱动机通过泵轴带动叶轮旋转产生离心力，在离心力作用下，液体沿叶片流道被甩向叶轮出口，液体经蜗壳收集送入排出管；液体从叶轮获得能量，使压力能和速度能均增加，并依靠此能量将液体输送到工作地点)，所不同的是，高速泵利用增速箱二级增速的增速作用使工作叶轮获得数倍于普通离心泵叶轮的工作转速(通常在 6000～17300 r/min)，从而获得很高的排出压力。

(2)高速泵的组成。高速泵主要由泵机组、增速装置、润滑及监控系统、底座及电机等部件组成,如图 5-23 所示。

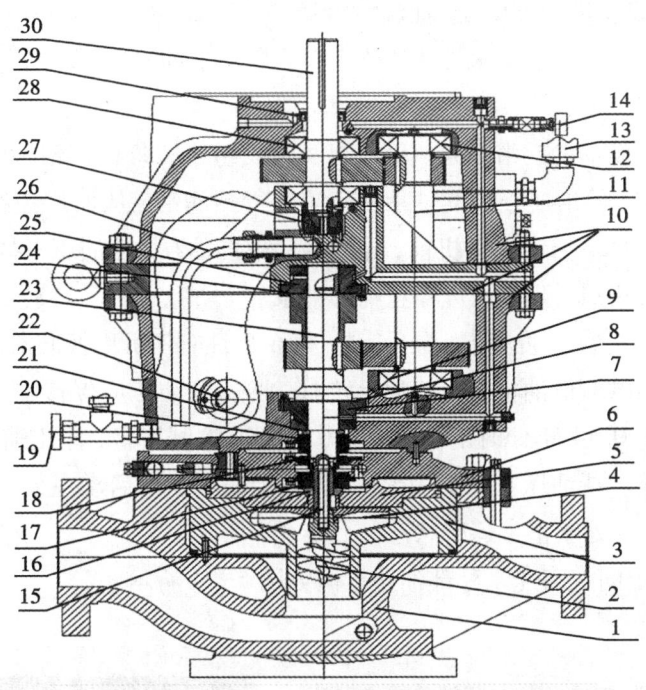

图 5-23 高速泵剖视图

1—泵壳组件;2—诱导轮;3—泵体;4—叶轮;5—泵盖板;6—密封体;7、25—滑动轴承;
8、24—止推轴承;9、28—6308 轴承;10—齿轮上、下箱体及连接螺栓;11—中速轴;12—308 轴承;
13—排气加油器;14—油压表;15—导流扩压器;16—介质机构密封;17—轴套;18—节流套;
19—油温表;20—油机械密封;21—动环;22—油位观察孔;23—高速轴;26—主油泵进油管;
27—主油泵;29—低速轴组件;30—低速轴

(3)高速泵的特点。

优点:① 具有稳定的小流量工作稳定性、高汽蚀性能和高效率;② 结构紧凑、维护方便、适用范围广、可靠性好;③ 使用寿命长。

缺点:易出故障,维修费用高,难度大。

(4)润滑油系统。

① 润滑系统概况。GSB-L1 型立式高速泵增速箱润滑系统主要由增速箱油池、主油泵、油冷却器、油过滤器、预润滑辅助系统及相配管件等零部件组成。

增速箱润滑使用 L-HM46 抗磨液压油,油池的油量约为 8 L(不包括辅助管线和油冷却器内存油量),油位应该保持在油标视镜的黑圈或 1/2~2/3 内。油位过高,会产生大量泡沫及过热现象；油位过低，会使供油量不足。主油泵为定排量摆线齿轮型油泵，由增速箱输入轴直接驱动。油冷却器为管壳式水冷型，冷却水压力不大于 1 MPa(G)。冷却水水量通过安装在冷却水排出管线上的手阀调节冷却水流量，保证增速箱油温在 60~80 ℃。大约在泵起动运行 1 h 后，油温就可稳定。

需要注意的是，为防止在润滑油油路上存在气囊，油冷却器的安装位置必须低于油过滤器。

润滑系统由外设辅助润滑油泵、单向阀及管线组成。外设润滑油泵为电动型，作用是在启动主电机前，给增速箱内的轴承和齿轮进行预润滑，从而避免在启动时可能引起的轴承及轴组件损坏。启动主电机前，操纵启动辅助油泵，若油压不低于 0.1 MPa，就可启动主电机。主电机启动后，就可停止辅助油泵。

油过滤器为纸质型，过滤精度为 5 μm。每 6 个月应停机更换润滑油和油过滤器。根据轴承结构及使用的润滑油情况，正常运转时，增速箱油压应保持在 0.2~0.6 MPa，绝对不能在油压低于 0.14 MPa 时工作。否则，由 PSL 控制报警，停止辅助油泵，并检修辅助油泵和润滑油路。待油压在 0.14 MPa(G) 以上时，手动启动主泵。主泵运行 7 s 后，辅助油泵停车，主泵处于正常运行状态。

② 外部油路走向。高速泵外部油路走向如图 5-24 所示。

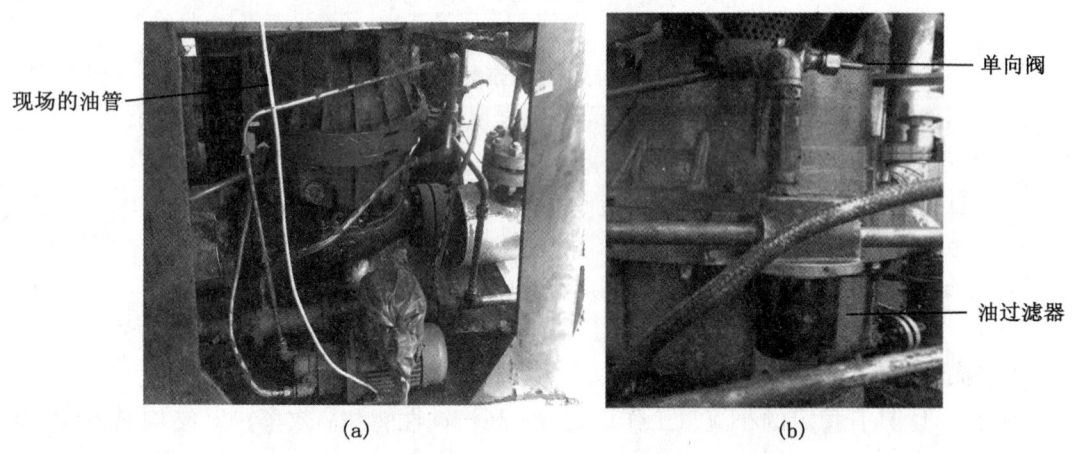

图 5-24 外部油路走向

③ 系统油路图。高速泵系统电路如图 5-25 所示。

(5) 主油泵的组成、结构、特点。

① 主油泵的组成、结构。

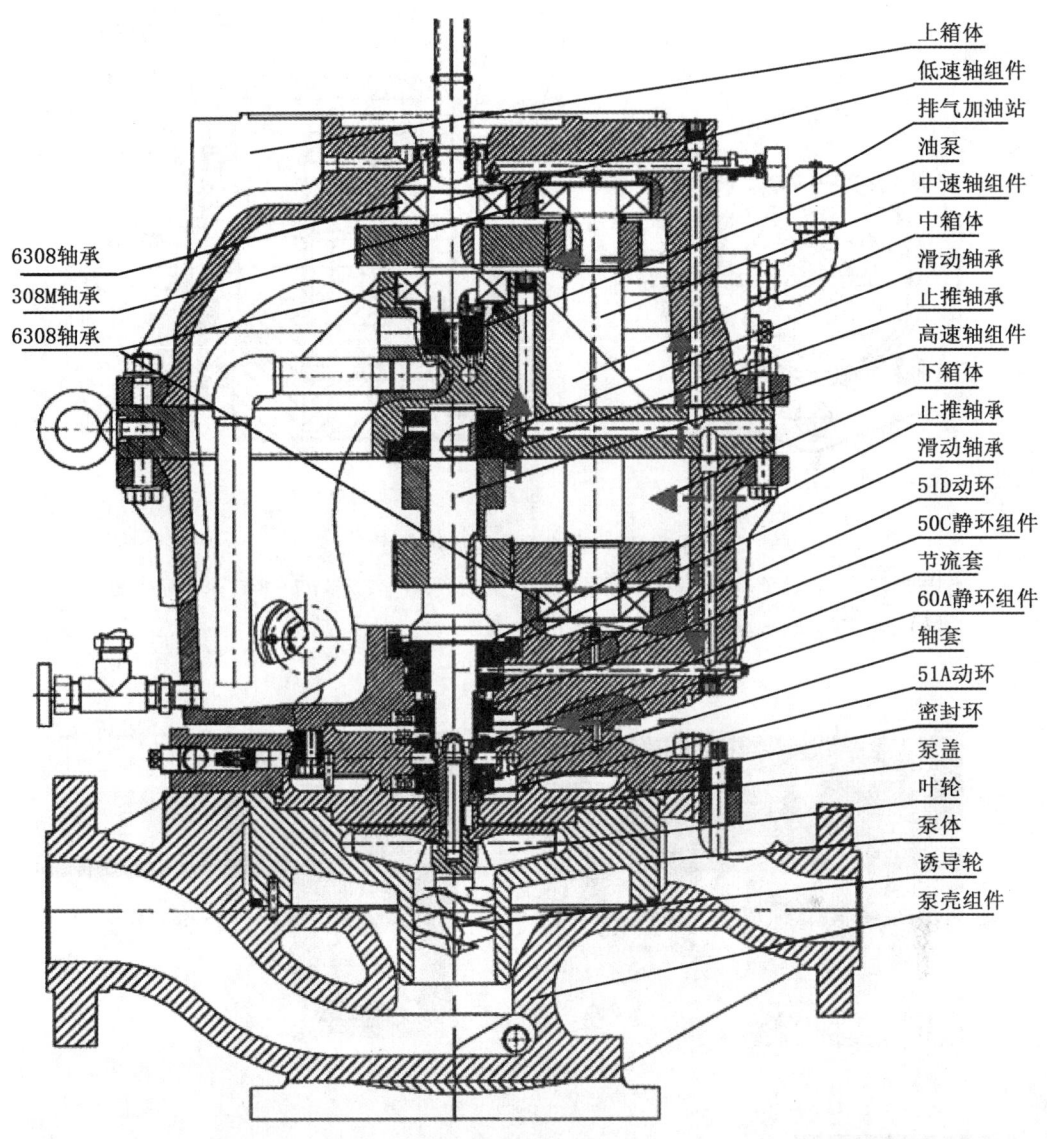

图 5-25 高速泵系统电路图

主油泵的组成、结构如图 5-26 和图 5-27 所示。

② 主油泵的特点。
- 油泵的此种结构使电动机不论是何种转向均能正常供油，避免了设备的损坏。
- 壳体（铝合金）密封面易损伤。
- 油压与弹簧的压缩量有关系。

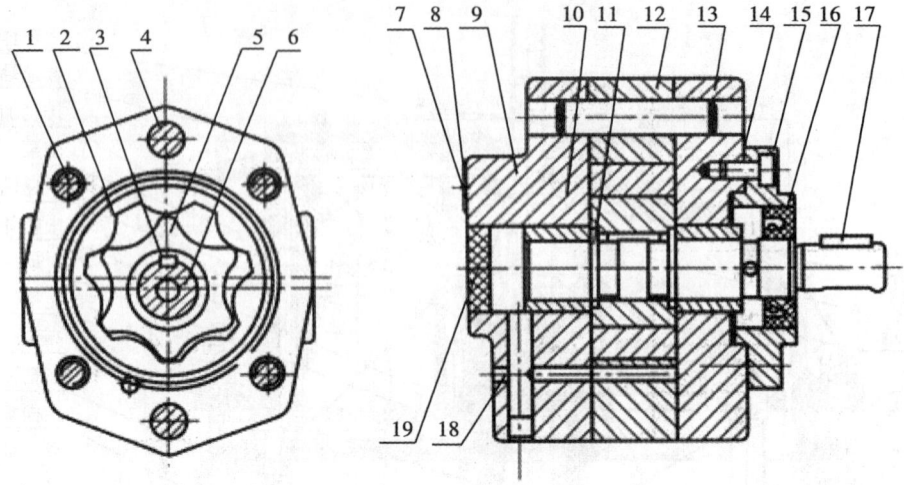

图 5-26 主油泵的组成示意图

1—螺钉；2—外转子；3—平键；4—圆柱销；5—内转子；6—转子轴；7—铆钉；8—标牌；
9—后盖；10—轴承；11—挡圈；12—泵体；13—前盖；14—螺钉；15—法兰；16—密封环；
17—平键；18—塞子；19—压盖

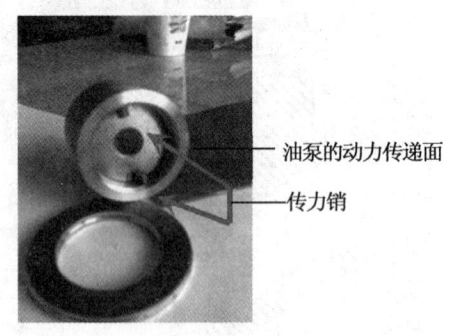

(a)

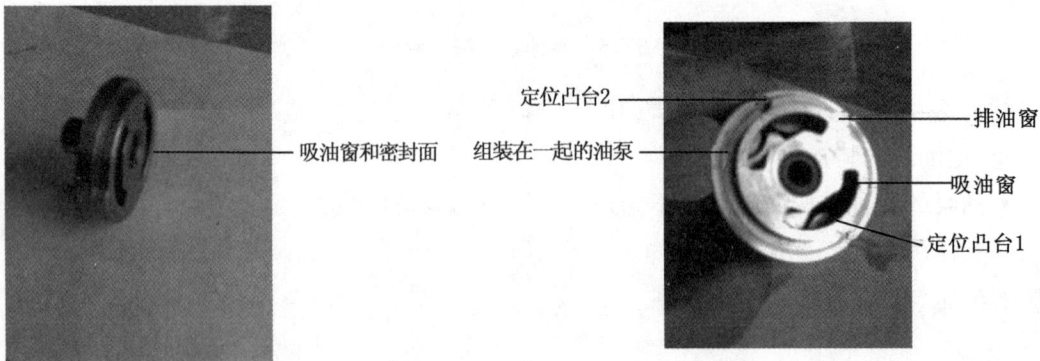

(b)

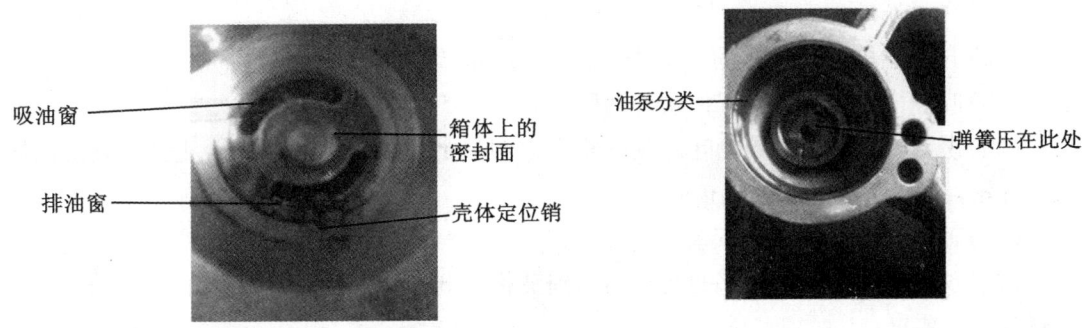

(c)

图 5-27 主油泵的结构

二、安装过程及装配要点

1. 安装过程及装配步骤

(1) 清洗检查。齿轮箱体、箱盖、端板等应清洁、无损伤、无变形和无裂纹，水平中分面应平整、无划痕，自由间隙应不大于 0.05 mm。

(2) 油泵及止推轴承安装。检查止推轴承的润滑油槽中是否有异物嵌入，润滑油泵底部外圆凹进部分位于中箱体的小圆柱销一侧。

(3) 油泵弹簧安装。弹簧放在油泵上后，安装输入轴组件时，务必使轴端开口放在油泵圆柱销上。

(4) 检查油泵装配。检查油泵装配得是否正确的方法是用手压下输入轴组件轴头，位于中箱体侧的滚动轴承端面应和轴承孔钢套端面大体齐平，且松手后输入轴组件会上下跳动。如不合格应查明原因重装。

(5) 高速轴安装。

(6) 密封垫安装。

(7) 上箱体止推轴承安装。

(8) 上箱体安装。

(9) 高速轴轴向间隙检查，标准为 0.25~0.38 mm。

(10) 油端机械密封安装，要注意保护好机械密封的摩擦表面，以免机械密封损坏；密封腔各部 O 形圈应外形圆滑、无变形、无缺陷。

(11) 油端动环及 O 形环安装。

(12) 油端静环组件安装。

(13) 压缩量检查，弹簧压缩量检查要求 (2±0.5) mm。

(14) 静环组件及定位套安装，定位套轴套与轴的配合为间隙配合，但不大于 0.04 mm。

(15) 介子端机械密封，静环组件安装。

(16) 密封体安装。

(17)介子端动环安装。

(18)介子端机械密封压缩量检查,弹簧压缩量检查要求(2±0.5)mm。

(19)叶轮安装,叶轮在工作状态两侧间隙为0.5~1.0 mm。

(20)诱导轮安装,诱导轮叶片及叶轮产生明显的汽蚀孔,必要时要更换;更换诱导轮或叶轮,必要时进行动平衡校验。

(21)转接法兰及联轴器安装。

(22)现场安装,添加足够的润滑油达到油标2/3以上,检查冷却水的运行情况,直至达到工艺要求。

2. 试车

(1)检查润滑、密封液、物料系统有无泄漏。

(2)手动盘车应无异常声音、无轻重不均感。

(3)点动泵,确认泵的旋转方向。泵启动后,检查密封腔的温度和泄漏情况。密封腔温度应控制在40~50 ℃,最高不能超过65 ℃。

(4)检查泵的振动情况。转速在1500r/min时,振动值(全幅)小于38 μm;转速在3000 r/min时,振动值(全幅)小于25 μm。

(5)电流、电压平稳,运转无杂音,机械密封泄漏在规定范围之内。

(6)出口压力、流量满足工艺要求。

3. 安装图示

图5-28为高速泵安装图示。

(a)清洗检查

(b)油泵及止推轴承安装

(c)油泵弹簧安装

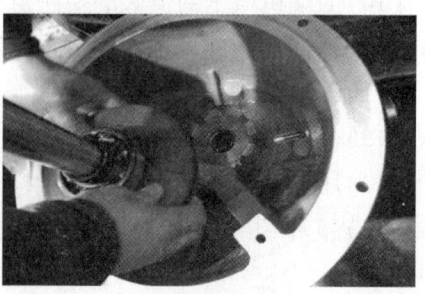

(d)检查油泵装配

(e) 高速轴安装

(f) 密封垫安装

(g) 上箱体止推轴承安装

(h) 上箱体安装

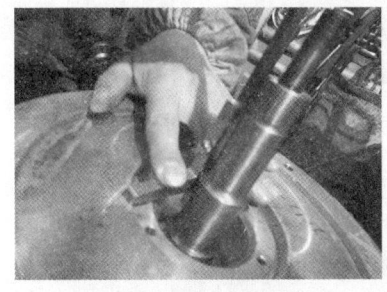
(i) 高速轴轴向间隙检查

(j) 油端机械密封安装

(k) 油端动环及 O 形环安装

(l) 油端静环组件安装

(m)压缩量检查　　　　　　　　(n)静环组件及定位套安装

(o)介子端机械密封，静环组件安装　　　　(p)密封体安装

(q)介子端动环安装　　　　　(r)介子端机械密封压缩量检查

(s)叶轮安装　　　　　　　　(t)诱导轮安装

　　(u)转接法兰及联轴器安装　　　　　(v)完成现场安装

图 5-28　高速泵安装图示

三、高速泵的故障现象及故障诊断

1. 机械密封泄漏

机械密封泄漏的原因有以下几种。

(1)新机械密封表面不平造成密封泄漏。

(2)机械密封因长期运转，密封面磨损严重，起补偿作用的弹簧失效而泄漏。

(3)高速轴瓦烧毁，径向间隙增大，高速轴摆动，增速箱震动大造成机械密封泄漏。

(4)滑动轴承磨损而泄漏。

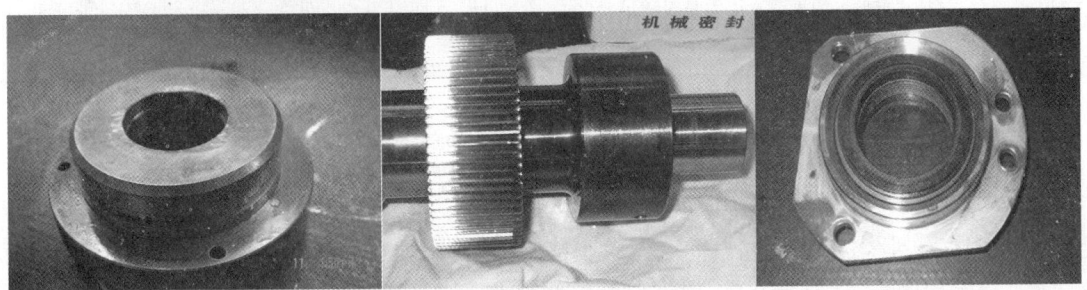

(a)密封面磨损严重　　　　　(b)高速轴磨损　　　　　(c)滑动轴承磨损

图 5-29　机械密封泄漏示意图

2. 增速箱震动大

(1)轴承磨损严重。

① 滚动轴承由于长期运转，轴承游隙增大，滚动体及滑道磨损严重。

② 滑动轴承在运转过程中，由于润滑油压力出现问题，造成的轴瓦与高速轴严重磨损，配合间隙增大，引起增速箱震动加大。

(2)齿轮磨损严重。低速轴、中速轴、高速轴齿轮在运转中，由于各种原因(二轴平行度、齿轮的啮合间隙、轴承外圈定位松动)，会导致齿轮的齿面磨损严重或断齿引起震动。

(3)汽蚀现象。进口流量低,管路中有气体,发生汽蚀,引起震动。

3. 泵打不上量或流量低

(1)诱导轮缠绕物料。

(2)花键轴折断。

4. 增速箱温度过高

(1)润滑油加入量过多。

(2)油冷却器换热效果差。

(3)油泵发生故障造成高速轴损毁。

5. 增速箱噪声大

(1)轴承定位松动,齿轮啮合不好。

(2)齿轮磨损严重。

四、检修及日常巡检维护内容

1. 日常巡检注意项目

日常巡检注意项目如表5-5所列。

表5-5 日常巡检注意项目

部位	维护及检修内容
密封系统	是否泄漏
	密封水的流量及压力是否满足要求
齿轮箱	振动是否正常
	齿轮箱温度是否正常,油冷器是否畅通
	油封是否泄漏,齿轮箱内油位是否正常,油品质是否正常,齿轮箱油压是否符合要求
泵体	相关紧固件是否完好,垫片是否完好,泵体内是否有异响

2. 检修周期及检修内容

(1)检修周期(见表5-6)。根据检测结果和设备运行状况,可以适当调整检修周期。

表5-6 检修类别及周期

检修类别	小修	中修	大修
检修周期	3~6月	8~12月	32~38月

(2)检修内容。

① 小修内容:检查清洗油路、冷却液管路、油冷器等;更换油过滤器,并换油;检查输入轴油封。

② 中修内容:包括小修内容;清洗泵室、扩散器、旋流分离器及密封液系统;检查叶轮、诱导轮等零部件的磨损、冲蚀情况,表面是否有裂纹;更换机械密封(如果泄漏);检查高速轴的轴向窜动量。

③ 大修内容:包括中修内容;解体齿轮箱,检查低速轴、中间轴及其滚动轴承的磨

损情况，必要时更换；检查高速轴轴颈及其滑动轴承、止推轴承的磨损情况，必要时更换；检查齿轮的磨损、啮合情况；检查修理润滑油泵；拆卸检查密封腔各零部件的磨损情况；经修理或更换的叶轮、诱导轮或高速轴组件，应分别做动平衡试验，在满足规定要求之后，再将诱导轮、叶轮和高速轴组件做整体动平衡试验，不平衡度应在规定范围之内。

3. 重要零部件检修方案

（1）机械密封的更换（不含齿轮箱油机封）。

① 准备工作。

- 熟悉图纸资料，检修泵位号的外形尺寸图、剖视图、机封图等。
- 确认工艺已将设备处理完毕，接到设备交出单，相关人员均签字确认，设备已停电、断水、断气。
- 准备好相应的工器具，拆除所有相关的密封、冷却、润滑等辅助管道及仪表，挂好吊带。
- 准备好检修需更换的备品备件。

② 检修程序。

- 拆除联轴节，并拆除电机和齿轮箱的连接螺栓。
- 拆除泵盖螺栓。将齿轮箱和密封座整体提起，并将齿轮箱倾斜，使叶轮处于向上的位置放好。需要注意的是，提升齿轮箱时小心不要将叶轮碰坏。
- 用活动扳手卡住叶轮，打直叶轮锁紧垫片的凸耳，拆掉诱导轮。需要注意的是，其螺纹为左手螺纹（即反螺纹）；不要损坏叶轮。
- 拆除叶轮和键，以及下轴套。
- 拆掉泵盖和齿轮箱体的连接螺栓，取出泵盖及其垫片。
- 将泵盖翻转，拆掉六角螺栓（M6X50）及防松垫片。
- 取走上机封、机封定位环、机封动环、机封隔环及下机封。
- 仔细检查更换下来的机封表面是否有磨损，如果有，则需要更换或修理机封；修理机封可以更换机封内的 O 形环、楔形环、弹簧等；以及机封面可研磨，且最多可研磨 0.25 mm；如果机封密封面有超过 0.005 mm 的槽，则需要更换密封面。
- 仔细检查高速轴头表面是否毛刺及高点。同样也要检查轴套的端面是否有毛刺或高点。如果有，则打磨光滑。
- 更换相关的 O 形环及垫片，重新安装机封、机封定位套、机封腔等；所有的 O 形环都必须更换。

需要注意的是，把紧叶轮及螺栓时，必须严格按照扭矩要求来把紧，不能过紧或过松。

（2）齿轮箱解体检修（含齿轮箱油机封）。

① 齿轮箱的解体检修。
- 在现场将齿轮箱中的润滑油排放干净。
- 按照前面更换机封的方法将浆料侧的机封拆卸解体。
- 拆掉上机封轴套；并将轴套端面打磨光滑，不得有任何的毛刺及高点。
- 拆卸齿轮箱机封固定螺栓(M6X12)，取下油封静环，以及动环、O形环；仔细检查机封密封面，如果有磨损则需更换或研磨，研磨最多不得超过 0.25 mm。
- 拆掉齿轮箱壳体螺栓(M10X65)，用两个大的螺丝刀插入上下壳体间的凹槽内，提起齿轮箱上壳体。
- 用手锤和螺丝刀将上齿轮箱体输入轴骨架油封取下，不要损坏上箱体。需要注意的是，如果运行时有漏油，此时在检查轴封的同时，必须还要检查齿轮箱体和骨架油封接触处是否有刮伤。如果有刮伤，可以在新的骨架油封的外圈粘上一层薄薄的耐油垫片。
- 取出高速轴。
- 取出低速轴。
- 从齿轮箱的轴承座中取出输入轴组件，以及主油泵和油泵弹簧。
- 从上箱体上拆掉螺栓，分解下高速轴上部滑动轴承和推力垫片，再从下箱体上分解下高速轴下部滑动轴承和推力垫片；从滚动轴承座孔取下喷油嘴。

需要注意的是，在取出径向滑动轴承之前要做一个记号，以便回装时装至原来的位置。

② 齿轮箱内件的检查。
- 滚动轴承：用手盘动轴承感觉轴承运转是否平稳；轴承的内、外圈是否磨损，轴承是否跑内圈、外圈；安装时应用压力器压轴承的内圈，如果拉、压外圈的话会导致轴承的损坏；轴承与定位环、定位环与齿轮，齿轮与轴肩这几者不允许存在间隙。
- 高速轴组件的检查：高速轴和推力轴承的接触面检查，以及滑动轴承和高速轴颈的接触部分检查；如果轴颈端面上有滑动轴承或止推轴承的材料，或是有过热的痕迹，又或者轴颈表面有超过 0.03 mm 深的刮痕，那么务必更换新的高速轴。
- 滑动轴承、止推轴承的检查：检查止推轴承的润滑油槽中是否有异物嵌入，如果有，则更换止推轴承；检查滑动轴承是否有过热的痕迹，如果有，则更换新的滑动轴承。
- 检查高速轴的跳动：将高速轴架在 V 形铁上，用百分表测量其轴头部位的跳动值，最大不得超过 0.02 mm。

(3) 泵零部件重复使用及更换规定。
① 机械密封：对于机械密封静环组件，有下列情况之一的应更换新品。
- 静环石墨唇有裂纹、崩口。
- 静环石墨唇磨损量不小于 0.25 mm。

- 静环组件回弹性失灵。
- 可通过更换石墨环、楔形环、辅助密封圈和弹簧的办法来修复静环组件。
- 静环组件石墨环工作面磨痕粗糙或划痕深度不小于 0.005 mm 时，应重新研磨才能使用。
- 静环组件石墨环工作面去除的总缺陷深度不小于 0.25 mm。
- 动环工作面磨痕粗糙或磨痕深度不小于 0.005 mm 时，应重新研磨才能使用。
- 动环石墨唇有裂纹、崩口，应更换新品。

② O 形橡胶圈及密封垫片。

- O 形橡胶圈有老化和失弹溶胀的现象，或有压伤、变形、断裂，或连续运转一年以上时，应更换新品。
- 平密封垫和组合垫，其橡胶老化失弹，或有断裂、溶胀现象，或橡胶从组合垫金属基体上脱落时，应更换新品。

（4）齿轮箱内件更换规定。

① 滑动轴承。

滑动轴承内径有过热痕迹，或有溶解物，或上滑动轴承内径磨损到 $\phi 23.92$ mm、下滑动轴承内径磨损到 $\phi 38.15$ mm 时，应该更换新品。

高速轴组件与下滑动轴承相配合处的轴径磨损到 $\phi 38.00$ mm，与上滑动轴承相配合处的轴径磨损到 $\phi 23.79$ mm，或是轴颈和止推轴承面上有划过热痕迹，或有溶解物，或有轴承和止推轴承的转移物，或磨痕深度不小于 0.025 mm 时，应该更换新的高速轴组件。

滑动轴承的直径配合间隙不小于 0.15 mm，应该更换新品。

止推轴承的油槽近于磨平时，应该更换新品。

② 滚动轴承。

滚动轴承连续运转三年，或用手转动不灵活、不平稳，或轴承内、外径有划伤、损伤时，应更换新品。

需要注意的是，更换的轴承必须规定一定的牌号和精度，即两个轴承均为 6308、精度为 P4 或 P5、游隙为 C3。

③ 滚动轴承衬套。

压配在齿轮箱体内的滚动轴承衬套，其内径磨损严重时，应该更换新品。但现场不能更换衬套，只能连箱体一起更换。

输入轴安装滚动轴承的轴径不大于 $\phi 40.00$ mm 时，应该更换新品。

④ 高速轴。

更换高速轴组件时，如齿轮和推力盘仍能使用，可配单根高速轴，但应重新做动平衡，允许不平衡量为 0.4 g·cm（注意：如果高速轴仍能使用，在更换齿轮和推力盘后，也应重新做动平衡)。

⑤ 齿轮。其工作面有疲劳剥落坑痕,轮齿破碎,齿面磨损严重,齿轮轴孔与轴径有过大磨损,都应更换齿轮。对于高速轴组件,在更换齿轮后,应重新动平衡。

⑥ 油过滤器。运转 4000 h 后,油过滤器应更换新品。

⑦ 润滑油泵。内齿轮油泵所提供的正常油压为 $0.14 \sim 0.50$ MPa(表压)。当润滑油泵供压力小于 0.14 MPa(表压),小圆柱销脱落或断裂,内外齿磨坏,相配壳体磨坏,油泵轴断裂,油泵底部压盖外圆凹进部分被拔销磨坏时,都应更换新品。

油泵弹簧失弹或断裂,应更换新品。

⑧ 齿轮箱体。拆下的上、下箱体的定位销孔如有超差,变形后碰伤,允许返修使用,但要专配定位螺栓。

上、下箱体齿轮中心距公差大于 0.02 mm 时,应更换新品。

上、下箱体的滚动轴承衬套孔径超差或损坏时,允许配做新的衬套。

上、下箱体的滚动轴承钢套孔径超差或损坏时,允许用镶钢套的办法返修,但要使钢套上的供油孔对正,并防钢套转动。

(5)泵体内件更换规定。

① 叶轮和诱导轮。

• 叶轮压动环的端面有碰伤凸起,应在重新修平后才能使用,以确保压紧动环。

• 叶轮叶片磨损严重,外径碰坏,轮毂外径磨损严重,都应更换新品。

• 诱导轮叶片碰伤,磨损严重,有气蚀麻点,有裂纹,螺纹孔螺纹乱扣,都应更换新品。

② 叶轮锁紧垫和弹簧垫圈。

• 叶轮锁紧垫拆下后不能重复使用,每次装配都用新品。

• 拆下的弹簧垫圈有变形、裂纹或失弹时,应更换新品。

③ 泵体、泵盖和中间套。

• 泵体、泵盖和中间套漏液,被腐蚀掉不少于 2.5 mm 时,应更换新品。

• 泵体喉部腐蚀、泵体和泵盖与叶轮相配面有腐蚀凹沟,以及因泵体喉部维修量过大,导致与电动机功率不匹配时,应更换新品。

(6)泵其他附属件更换规定。

① 温度计和压力表。

• 温度计和压力表拆下后,按照其说明书要求进行检定。

• 经检定不合格又不能修好的温度计和压力表,应更换新品。

② 油冷却器。

• 油冷却器漏水或漏油,应更换新品。

• 油冷却器堵塞时,应进行清理;不能清理时,应更换新品。

③ 金属垫片联轴器。

- 垫片有裂纹或疲劳现象，应更换新品。
- 自锁螺母收口部分有裂纹，或能用手自由拧动螺栓时，应更换新品。

五、油系统典型故障分析及处理

1. 故障现象（案例一）

(1) 故障现象：油压低（仅 1 kg）。

(2) 处理过程：

① 拆下图 5-30 中的 1（油过滤器），出油很少；

② 断开图 5-30 中的 2 处油泵出口接头，判断油泵工作是否正常：正常；

③ 拆下图 5-30 中的 3（单向阀），吹扫清理，回装试车：正常。

(3) 回顾：从 1 处断开油路，是内、外油路的分界点。

图 5-30　案例一中外部油路系统

2. 故障现象（案例二）

(1) 故障现象：几乎一点油压都没有。

(2) 处理过程：

① 观察辅助油泵电机转向：没问题；

② 按工作转向盘车后：正常。

(3) 回顾：引液前一定要按照工作转向手动盘车，以排除内部油路在主油泵处的短路现象。

3. 故障现象（案例三）

(1) 故障现象：油压较低（小于 1.4 kg）。

(2) 处理过程：

① 排查外部油路，没有明显故障；

② 将实际的油孔堵住（排除主油泵短路），油压仍较低，判断为内部油路有问题；

③ 解体增速箱，更换内部油路中的 O 形圈，解决问题。

(3) 回顾：即使已经手动盘车，但为了进一步排除和判断问题，采取堵住主油泵的出

图 5-31 案例二中外部油路系统

油孔的方法还是可取的。

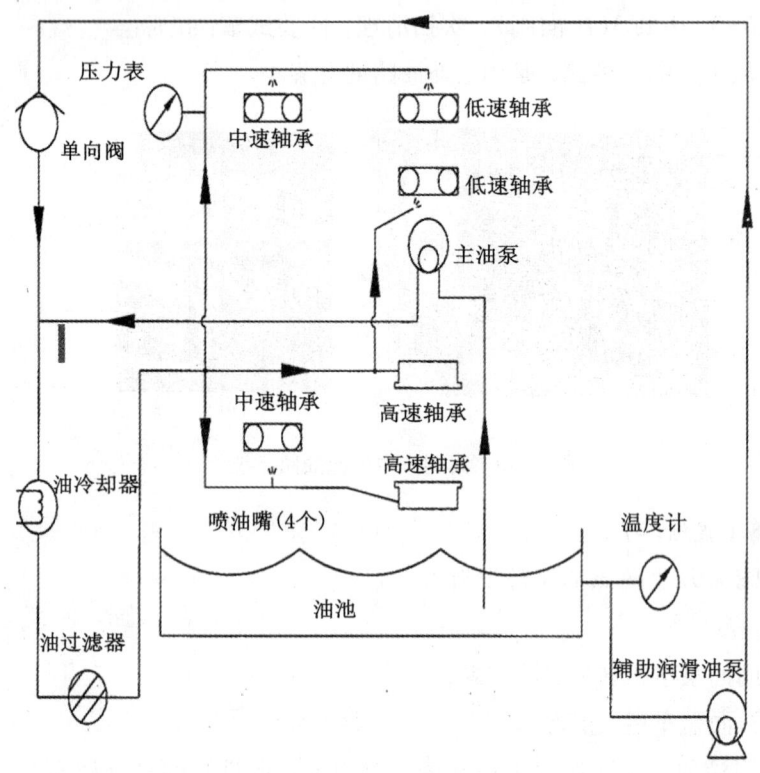

图 5-32 案例三中油泵的油路系统

4. 故障现象(案例四)

(1)故障现象:辅助油泵工作正常,油压约 3 kg;泵开启后,油压逐步下降至 1.6 kg 后又逐步上升。

(2)原因分析:泵启动后,随着油温的升高,油的黏度变低,这样一来内部油路中一些密封不严的地方开始泄漏,油压降低;又随着油温的升高,内部油路的密封 O 形圈膨胀,又使密封效果趋好,油压得以逐步上升。

(3)回顾:这是对于现场实际情况的一种推理。此过程的变化,反映了在一个事物的发展变化中哪些是主要矛盾,它们在不同的阶段是如何转化的。

 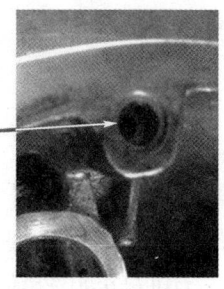

内部油路放置O形圈处,注意台阶!

图 5-33 案例四中现场实际情况

5. 故障现象(案例五)

(1)故障现象:修复后的高速泵,油压过高(1.7 MPa)。

(2)处理过程:

① 解体增速箱,检查油路系统;

② 在中间箱体的径向轴承座孔处,新镶的套的油孔过小,且没有对住轴承上的环形槽,此处形成了憋压,阻塞油的顺畅流动,上部止推盘损坏、径向轴承裂开;

③ 手工磨削扩孔,更换损坏件,问题解决。

(3)回顾:油压不在正常范围内,不论高或低均是有问题的表现。

(4)思考:树立一种理念,即新东西(备件等)并不一定是好的,必须以实际现象、结果为判断的依据。

参考文献

[1] 杨雨松,等.泵维护与检修[M].北京:化学工业出版社,2012.
[2] 罗杰.石油化工机器[M].北京:中国石化出版社,1993.
[3] 张麦秋.化工机械安装修理[M].北京:化学工业出版社,2004.
[4] 任晓善.化工机械维修手册:上卷[M].北京:化学工业出版社,2004.
[5] 任晓善.化工机械维修手册:中卷[M].北京:化学工业出版社,2004.
[6] 任晓善.化工机械维修手册:下卷[M].北京:化学工业出版社,2004.
[7] 张涵.化工机器[M].北京:化学工业出版社,2005.
[8] 傅伟.化工用泵检修与维护[M].北京:化学工业出版社,2010.
[9] 魏龙.密封技术[M].2版.北京:化学工业出版社,2009.
[10] 金雅娟,隋博远,武海滨.泵原理与维护检修[M].北京:化学工业出版社,2016.